成功之路丛书
CHENGGONG ZHILU CONGSHU

创造人生的奇迹

本书编写组◎编

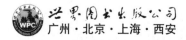
世界图书出版公司
广州·北京·上海·西安

图书在版编目（CIP）数据

创造人生的奇迹/《创造人生的奇迹》编写组编．—广州：广东世界图书出版公司，2009.11（2024.2重印）

ISBN 978－7－5100－1255－6

Ⅰ．创… Ⅱ．创… Ⅲ．成功心理学－通俗读物 Ⅳ．B848.4－49

中国版本图书馆 CIP 数据核字（2009）第 204796 号

书　　名	创造人生的奇迹
	CHUANGZAO RENSHENG DE QIJI
编　　者	《创造人生的奇迹》编写组
责任编辑	陈晓妮
装帧设计	三棵树设计工作组
出版发行	世界图书出版有限公司　世界图书出版广东有限公司
地　　址	广州市海珠区新港西路大江冲 25 号
邮　　编	510300
电　　话	020-84452179
网　　址	http://www.gdst.com.cn
邮　　箱	wpc_gdst@163.com
经　　销	新华书店
印　　刷	唐山富达印务有限公司
开　　本	787mm×1092mm　1/16
印　　张	10
字　　数	120 千字
版　　次	2009 年 11 月第 1 版　2024 年 2 月第 13 次印刷
国际书号	ISBN　978-7-5100-1255-6
定　　价	48.00 元

序

今天的自信，引导明天的成功

　　诺曼·皮尔博士是一个传奇人物，他在40多年间专门针对大型的商业会议、推销和商业研讨会，以及各式各样的集会中发表过演说，又多次应邀到白宫，在美国总统、参议院和众议院的领袖面前，宣扬他的"你认为你行你就行"的积极哲学。

　　在他参加的各种会议和各式各样的集会中，他还会遇到另一些人，他们有知识、有学历、有能力，然而他们往往不能成功，或者离成功总有一步之遥，这是怎么回事？

　　经过同他们多次的交谈与会晤，皮尔博士终于发现这些人为什么不能成功——他们缺乏一种精神、一种向上的动力、一种能把他们推向成功的加速度。不错，他们缺乏的就是自信。

　　因此在本书中，诺曼·皮尔博士告诉我们，每个人都有无限的潜力，以及具有自我激励的心情，这些都是你最大的成功宝藏，这些宝藏别人无法替你打开来，必须依靠你自己才能打开。在这个世界上，只有你才能真正地发现你自己。

　　皮尔博士反复强调自信对人生的重要性，他发现所有创造和完成伟大事业的人，都是"有组织"的人。所谓有组织是指心智、精神和目标能协调一致。一个人只要发挥坚强的意志，设定明确的目标，一定可以培养出他想要的思维模式。

　　一个人能发展成为什么样子，往往和他的自我想象有关，如果你过去的自我想象是卑屈，认为自己不行，注定失败，这种自我想象是可以改变的。而这种想象改变之后，你也会跟着改变，失败的想象就会远去，而由

"我能够做到"的自我心象取而代之。人可以经由改变他的心智、思想、态度，进而改变他的生活。

其实，世界上最难了解的人就是我们自己。我们的内心有保护自己的倾向。总是为我们的所作所为找出理由，要让不合理的也看起来合理。很多人根本就不想认识自己，他们谈论别人和别人的问题，却躲避他们自己，不愿意面对事实。而实际上，一个人的成长并成熟的过程中最重要的一个阶段，就是不再试着躲避自己，而要决定认识真正的自己。

诺曼·皮尔博士确实是个神奇的人，他的著作很多，如《人生光明面》、《积极思想的力量》，等等。笔者在编译这本《创造人生的奇迹》的过程中，获益匪浅，吸收了书中许多积极乐观的思想，以便使自己在今后的人生道路上走得更坚实。

《创造人生的奇迹》是一本着重结果成效的书。书中讲述了许多因抱持自信的观念，而使人生发生了重大改变的事例和经验。皮尔博士所举的这些事例的主旨在于他想告诉读者：你可以相信你有伟大的潜能，永远不要看扁自己，你可以敦促你自己开放，你可以认识和找到你自己，你可以改变，变成一个新人，变成复活的人，旧的已经过去，一切都是新的，充满了活力。

每个人都应该了解人生最重要的就是生活本身，所以人生的第一要义就是认识到他对这个生命负有责任。如果他付出了关注和心思，生命就能如他所愿；如果他疏忽、不关心这个生命，生命自然不会如他所愿。在自然把生命交到我们手上之后，以后的事就靠我们去思考应该怎样做才正确，这里有一首诗或许会对我们有所启示：

　　我路过这个世界仅此一次，

　　因此，若有任何我能尽到心意的事，

　　若有我能对别人表达关怀的事，

　　让我此刻就去做，

　　让我不延误也不漠然，

　　因为，生命没有第二次机会。

你只能活一次，这是不变的事实。认清了这一点，我们就应该活得自信，不要活得怯懦；要活得沉着、平静，不要活得惶惶不安；要力求心态的平衡，不要困惑混乱。为了自己，也为了身边的人，应该让生命做最大程度的发挥，不要自暴自弃、误人误己。

　　人生中总能遇到不如意的事，要相信你内在所具有的能力，足以处理来到你面前的任何问题，永远别跟自己过不去，不要小看自己，要认识到你比你以前所认为的还要了不起。如果在阅读了本书之后，能唤醒读者朋友们自身不为人知的不可思议的力量，能使读者朋友们有了坚强的自信，那么编者将由衷地感到欣慰。

　　记着，没有人能完全像你一样活出你自己，你必须发现真正的自我，然后你将会知道你能，因为你学会了认为你能，你就会发现你所潜伏的力量。

　　人生中难免遭遇困难，在困难之中如果没有信心，他就很难有持久的动力，也就难以通过这些困难。信心加上有动力的梦想，再加上积极的行动，就是向前的程式，终会获得成功。

　　只要你能相信自己有一种能力，它就会让你受用不尽，它就会让你摒弃怀疑和消极的想法。随时随地抱着"你认为你行你就行"的观念，不仅会督促你建立积极乐观的想法，更会督促你采取积极乐观的行动，踏上积极乐观的行程。

　　永远都要保持自信，要相信，即使在你面前有一扇门关上了，这世上还有另一扇门将会为你打开。

编　者

目 录

目
录

第一章　绝不轻言放弃目标

此路破败不堪又容易滑倒，我一只脚滑了一跤，另一只脚也因此站不稳，但我回过气来告诉自己："这不过是滑了一跤，并不是死掉再也爬不起来了。"

——亚伯拉罕·林肯

在解决问题的时候，第一要件是永远不放弃，一直运用坚持的原则。要记住：尽管问题像山一样高大，只要你的想法比山高，你就可以超越任何困难。

你有了问题，是特别难于解决的问题，可能让你懊恼万分。这时候，有一个基本原则可用，而且永远适用。这个原则非常简单——永远不放弃。

有一幅漫画：在一片水洼里，一只面目狰狞的水鸟正在吞噬一只青蛙。青蛙的头部和大半个身体都被水鸟吞进了嘴里，只剩下一双无力的乱蹬的腿，可是出人意料的是，青蛙却有能力将双手从水鸟的嘴里挣脱出来，猛然间死死地攥住它细长的脖子……

"轻易放弃嫌太早。"你我都曾经一再看到这类不幸，我们看到很多有目标、有理想的人，他们工作，他们奋斗，他们用心去想，他们祈祷……但是由于过程太过艰难，他们越来越倦怠、泄气，终于半途而废。到后来他们会发现，如果他们能再坚持久一点，如果他们能更向前眺望，他们就会得到结果。请记住：永远不要绝望，就是绝望了，也要在绝望中努力。

追随梦想

坚持表示你能坚守梦想和目标，专心致志并保持平衡的心态，努力不懈直到达成你想成为的人、想做的事和想拥有的梦想。

坚持也表示当每个人都选择放弃时，你依然不轻言放弃。坚持还表示即使面临逆境的打击，你也坚守计划和目标。坚持或者也可说是信守承诺。坚持这种信念让你每天持续地努力，终究会引导你一步一步接近梦想。

放弃必然导致彻底的失败。而且不只是手头的问题没解决，还导致人格的最后失败，因为放弃容易使人形成一种失败的心理。

如果你所用的方法不能奏效，那就改用另一种方法来解决问题。如果新的方法仍然行不通，那么再换另外一种方法，直到你找到解决眼前问题的钥匙。任何问题总有一个解决的钥匙，只要持续不断地、用心地循着正道去寻找，你终会找到这把钥匙的。

如果你有坚持的努力，并满怀热情，你的意志力将使你达成每一件事情。我相信，你可以到达任何你想到达的目的地。

蒙提·罗伯兹在圣思多罗有座牧马场。他的朋友常常借用他宽敞的住宅举办募捐活动，以便为帮助青少年的计划筹备基金。

一次活动时，他在致词中提到："我让杰克借用住宅是有原因的。这故事跟一个小男孩有关，他的父亲是位马术师，他从小就必须跟着父亲东奔西走，一个马厩接一个马厩，一个农场接一个农场地去训练马匹。由于经常四处奔波，男孩的求学过程并不顺利。初中时，有次老师叫全班同学写报告，题目是'长大后的志愿'。"

"那晚他洋洋洒洒写了7张纸，描述他的伟大志愿，那就是想拥有一座属于自己的牧马农场，并且仔细画了一张200英亩农场的设计图，上面标有马厩、跑道等的位置，然后在这一大片农场中央，还要建造一栋占地400平方米的豪宅。"

"他花了好大心血把报告完成，第二天交给了老师。两天后他拿回了报告，第一页上打了一个又红又大的F，旁边还写了一行字：下课后来见我。"

"脑中充满幻想的小男孩下课后带着报告去找老师：'为什么给我不及格？'"

老师回答道：'你年纪轻轻，不要老做白日梦。你没钱，没家庭背景，什么都没有。盖座农场可是个花钱的大工程，你要花钱买地、花钱买纯种的马匹、花钱照顾它们。你别太好高骛远了。'他接着又说：'如果你肯重写一个比较不离谱的志愿，我会重给你打分数。'"

"这男孩子回家反复思量了好几

次，然后征询父亲的意见。父亲只是告诉他：'儿子，这是非常重要的决定，你必须自己拿主意。'"

"再三考虑好几天后，这个男孩子决定原稿交回，一个字都不改。他告诉老师：'即使拿个大红字，我也不愿放弃梦想。'"

蒙提此时向众人表示："我提这个故事，是因为各位现在就坐在200英亩农场内，占地400平方米的豪华住宅里。那份初中时写的报告我至今还留着。"他顿了一下又说："有意思的是，两年前的夏天，那位老师带了30个学生来到我的农场露营一星期。离开之前，他对我说：'蒙提，说来有些惭愧。你读初中时，我曾泼过你冷水。这些年来，我也对不少学生说过相同的话。幸亏你有这个毅力坚持自己的梦想。'"

不论做什么事，相信你自己，决不要轻言放弃，别让别人的一句话就将你击倒。

你要知道，即使你陷入困境，也并不意味着你可以轻易放弃执着的梦想，你要在心头重新燃起希望。梦想永不会为挫折击碎，梦想植根于心灵和头脑里并臻于永恒。

鼓起你的勇气

卢梭说过："在不幸中所表现出来的勇气，通常能使卑怯的心灵恼怒，而使高尚的心灵喜悦。"

勇气建立在原则之上，并且是一种美德。生命是属于勇敢的人的，懦弱的人只是麻木不仁地在过活。对千百万人而言，灵魂只是他们成长的一个可能性，而不是他们真实的存在。只有非常少数的人——勇敢的人是充满灵魂的。

在我们出版《标竿》杂志的地方——纽约附近的小镇卡美，有位14岁的少年，名叫吉姆，他是个可爱的男孩，也是个真正的男子汉，是一个真正意志坚强的人。他是天生顶尖的运动好手。不过在他刚进中学不久，腿就瘸了，并迅速恶化为癌症。医生告诉他，必须动手术，他的一条腿被切除了。出院后，他拄着拐杖马上回到学校，高兴地告诉朋友们，说他会安上一条木头做的腿："到时候，我便可以用图钉将袜子钉在脚上，你们谁都做不到。"

足球赛季一开始，吉姆立刻回去找教练，问他是否可以当球队的管理员。在练球的几个星期中，他每天都准时到达球场，并带着教练训练用的攻守沙盘模型。他的勇气和毅力感染了全体队员。有一天下午他没来参加训练，教练非常着急。后来才知道他又进医院检查了，并得知吉姆的病情已经恶化为肺癌。

医生说:"吉姆只能活6周了。"

吉姆的父母决定不告诉他这件事。他们希望在吉姆最后的时间里,能尽量让他正常地过日子。所以,吉姆又回到球场上,带着满脸笑容来看其他队员练球,给他们加油鼓励。因为他的鼓励,球队在整个赛季中,保持了全胜的纪录。为了庆祝胜利,他们决定举行庆功宴,准备送一个全体球员签名的足球给吉姆。但是餐会并不圆满,吉姆因身体太虚弱没能来参加。

几周后,吉姆又回来了,这次是来看篮球赛的。他的脸色十分苍白,除此之外,仍是老样子,满脸笑容,和朋友们有说有笑。比赛结束后,他到教练的办公室里,整个足球队的队员都在那里。教练轻声责问他,怎么没有来参加餐会。"教练,你不知道我正在节食吗?"他的笑容掩盖了脸上的苍白。

其中一个队员拿出要送他的胜利足球,说道:"吉姆,都是因为你,我们才能获胜。"吉姆含着眼泪,轻声道谢。教练、吉姆和其他队员谈到下个赛季的计划,然后大家互相道别。吉姆走到门口,以坚定冷静的语气回头告诉教练说:"再见,教练!"

"你的意思是说,我们明天见,对不对?"教练问。

吉姆的眼睛亮了起来,坚定的目光化为一种微笑。

"别替我担心,我没事!"说完话,他便离开了。

两天后,吉姆离开了人世。

原来吉姆早就知道他的病情,但他仍能坦然接受。这说明他是一个意志坚定、积极思考的人。他将悲惨的事实,转化成有创意的生活体验。吉姆知道凭借信仰的力量,从最坏的环境中创造出令人振奋而温暖的感觉。他完全接受了命运,但决定不让自己被病痛击倒。他从未被击倒过。虽然他的生命如此短暂,他仍把握它,把勇气、信仰与欢笑永远地留在他所认识的人心中。

勇气就是尽你一生面对你所遭遇的任何问题。一个人,当他面临生命即将结束的事实仍能无所畏惧,这是真正的勇气。

继续跑完下一千米路

成为积极或消极的人全在于你自己的抉择。没有人与生俱来就会表现出好的态度或不好的态度,是你自己决定要以何种态度看待你的环境和人生。即使面临各种困境,你仍然可以选择用积极的态度去面对眼前的挫折。

保持一颗积极、绝不轻易放弃

的心。尽量发掘你周遭人、事最好的一面，从中寻求正面的看法，让你能有向前走的力量。即使终究还是失败了，也能汲取教训，运用于未来的人生中。把这次失败的经验视为朝向目标前进的踏脚石。

当你认为自己陷入了困境，你也许会愿意想起这个故事：

时间是 1968 年一个漆黑、凉爽的夜晚，地点是墨西哥市，坦桑尼亚的奥运马拉松选手艾克瓦里吃力地跑进了奥运体育场，他是最后一名抵达终点的选手。

这场比赛的优胜者早就领了奖杯，庆祝胜利的典礼也早就已经结束，因此艾克瓦里一个人孤零零地抵达体育场时，整个体育场已经几乎空无一人，艾克瓦里的双腿沾满血污，绑着绷带，他努力地绕完体育场一圈，跑到了终点。在体育场的一个角落，享誉国际的纪录片制作人格林斯潘远远看着这一切。接着，在好奇心的驱使下，格林斯潘走了过去，问艾克瓦里，为什么要这么吃力地跑至终点。

这位来自坦桑尼亚的年轻人轻声地回答说："我的国家从两万多千米之外送我来这里，不是叫我来这场比赛起跑的，而是派我来完成这场比赛的。"

如果受到挫折，便感到失败，失去继续坚持下去的勇气，这时自己便贴上"意志薄弱"的标语，想到自己努力的不足，欲求的不强而闭上眼睛，好像意志力被瓦解一般。

但另一方面，虽然有失败感、屈辱感，也可以不断鼓励自己，去努力培养自己的意志，并使之牢固。有了强烈的意志才会有高昂的斗志与持久的忍耐力。

水滴石穿

世界上的思想家，那些深明事理的人，都常常以不同的方式来说明坚持的重要性。穆罕默德曾说："好运和坚持的人在一起。"看来穆罕默德深深了解坚持的重要性。莎士比亚也曾说："雨能穿石。"石头是很硬的东西，但是小雨滴不断地滴在石头上，终究可以穿透石头。比莎士比亚早 17 个世纪，就已经有了这恒久睿智的说法，罗马哲学家和诗人留克利希阿斯曾说过同样的话："水滴石穿。"

18 世纪英国的大政治家艾蒙德·柏克提供了一个建议，他也相信"坚持"原则的力量。他说："永远不要绝望。就是绝望了，也要在绝望中努力。"

曾经有一个精明的雇主登广告要招聘一个孩子，他对前来应征的

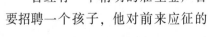

30 个小孩说："这里有一个标记，那儿有一个球，要用球来击中这里。你们一个人有 7 次机会，谁击中目标的次数最多，就雇谁。"结果，所有的孩子都没能打中目标。这个雇主说："明天再来吧，看看你们是否能做得更好。"

第二天，只来了一个小家伙，他说自己已经准备好测试了。结果，那天他每次都击中靶心。"你怎么能做到呢？"雇主惊讶地问。

这个孩子回答说："哦，我非常想得到这个工作来帮助我的妈妈，所以，昨天晚上我在棚屋里练习了一整夜。"不用说，他得到了这份工作，因为他不仅具备了工作人员的基本素质，而且表现了自己的优秀品质。

这种拒绝放弃的态度就是"坚持"的原则。如果倒了，就应该马上站起来，再去攻击，猛力攻击，不论何种情形都要继续下去。如果不尽力地运用这个"坚持"的原则，你的一生就不可能有什么创造性的成就。

认知自我

要收到效果，坚持原则必须要靠另一个重要原则——认知原则，以及这个原则所产生的力量来加以支持。

什么是认知的原则？一个人心理给击败了，或者给失败的情况压倒的时候，他就需要这种认知。他对自己必须有一种洞察力和了解——我是谁，我又是什么样的人。他得明白并且培养出内心的力量，然后才能继续去寻求成功。

多数人之所以把自己的生活弄得一团糟，而没能成功，至少有部分原因是他们没能把内心的东西组织起来，他对自己是谁、是什么样的人缺少认识。俗话说："人是他自己最可恶的敌人。"有些人虽然有目标和理想，而且努力工作，但是仍然失败了；有人希望能做些有创造性的事，偏偏无所表现。为什么？问题或许就出自他的内心。

其实，世界上最难了解的人就是我们自己。我们内心有保护自我的倾向，总是为我们的所作所为找出理由，要让不合理的看来合理。很多人根本就不想认识自己，他们谈论别人和别人的问题，却躲避他们自己的问题，不愿意面对事实。而事实上，一个人成长并成熟的最重要的一个标志，就是不再试着躲避自己，而决定要认识真正的自己。

注意自己，了解自己——没有什么比这看起来更简单，而做起来却更困难的事。

没有比自己更认识自己的人，同时没有人比自己更不认识自己。

苏格拉底曾说"认识你自己"。从此以后有志者均体验过认识自己是件多么困难的事。但也有人批判过这句话。法国作家西特说："这句格言是有害的，同时也非常丑恶。注重了自己以致阻碍了自己的发展。力求认识自己是毛毛虫，永久无法变成蝴蝶。"他的批评也有道理。有时自我意识的过剩会使人被无法忍受的孤独缠住而盲目地分析自己。以异常的洁癖分析自己，无法算出的尽力去算出，慢慢地引发了热情，然而到达的地方也就是虚无的深渊。但凝视自己不一定会产生自我意识的过剩。自己由性格、能力方面来看，有什么优点，有什么缺点，如果能"诚实"地带着勇气反省一下，事情便能解决了。

老实说，任何人都拥有特殊能力或才能。不管多么愚笨的人，都有只有他才能做到的事情。同时，被认为只能做一件事的人，也往往会有多样的才能，只是自己无法发现，周围的人也无法发现，所以就让自己的才能一直睡下去，没办法活用而已。

自己确实很不容易发现自己的才能，反而往往只会发现自己的缺点，而使潜在的才能，一直隐藏下

去。因此通往成功的第一步，首先是要不拘泥于自己的弱点。

人最伟大的力量就是在克服自身最大的弱点时所产生的。自己的优点被人夸奖时，都会很高兴；弱点被人批评时，就会很难过，因此就尽量不让自己的弱点暴露出来。可是越想去隐藏弱点，它就越会表现出来；越担心弱点，失败也会越多，所以最好不要太在意自己的弱点。

而且弱点是容易克服的，因此才需要尽最大的努力去克服它，甚至这种努力也会使人产生很大的信心。自古以来，因为有某种弱点或缺陷反而得到大成功的伟人或天才很多。天才或伟人的生涯不一定多彩多姿，或没有任何痛苦。

没有弱点，人就不可能有进步或发展，也就不可能会成功。

每一个人都关心自己的事，每个人都不喜欢碰到自己本身的弱点，因此这个观念便会发生抵触。

把自己看成比实际还要好的力量潜伏在自己的心里。

如果你能保持和发挥积极向上的愿望，你就能够改变你的旧的倾向和习惯，建立新的倾向和习惯。如果你有充分的自信，你就能把方榫头改圆，也就是改变你自己。

为了开发才能，还是要不断地

努力。才能是个人能力的"中心"。无论什么样的东西，如果有了中心便会有形体的一致，个人也由于拥有才能便拥有了形体，才有了前进的动力。

了解"生存的妙味"，这才是才能的开发！

发挥才能，思考、努力，可深刻地认知自我。这是任何人都拥有的无穷尽的魄力。

内心的潜力推动你前进

反省过自己的"意志太薄弱"了的人，也许很少。你也许曾经做过许多计划，同时也尝试过多次的失败。这些崩溃的体验，对于某些人有巩固意志的作用，但对某些人却起了减弱意志或丧失意志的作用。

在从未遇过外部的障碍，能按照自己所想的条件去行动时，是否能按自己的意思去做，都是在于自己本身意志的强弱，是否能打败内在的障碍，而决定事业的成败。当然在自己的内心，也有各种的欲望混在一起，有时会动摇你的意志，消耗你的斗志，要克服这些，必须相当费心。不仅如此，还有外在的障碍。外在的障碍与内在的障碍会联合起来，不能克服这些，成功就变成难事了。许多挫折都产生于此。

没有什么障碍存在，那根本不必谈意志力的强弱。挫折出现时，每个人都会有许多摆脱不掉的感受，一直为自己没有表现得更努力、更坚强而自责。

一个人运用了认知原则而开始认识到内在潜力之后，力量会突增起来，发挥、延展和实现这份潜能，则必能成功。这里所说的力量，是指一种新的劲势、能力的感觉。但是在这种创造性的力量能够发挥作用之前，一个人不但要学习认识和相信自己，还必须具有发挥这种力量的经验，以使他更加肯定自己。自此以后不论遭遇多么不利的情形，他都能继续坚持下去。

我们举包布·裴狄特为例。包布是他那一代伟大的篮球明星，也是篮球史上得分最高的球员之一。

在14岁刚入中学的时候，包布只有170厘米高、54千克重，就像他自己说的，他只有"扫帚竿"般的力量。他的身体并不是很魁梧，但是他内心有要做一名运动员的强烈冲劲。他运用了认知的原则，他感觉到而不是看出自己的潜力。

他打橄榄球，但是没能被选入校队。不过，他们让他名列第三线守卫。有一天场上没有人可用了，他们就叫他上场。结果对方的四分卫越过了他，跑出65码，达阵得分。包布想当橄榄球员的希望就此完结了。

然后他去打棒球。有一天，他们让他上阵替代二垒手。一名对方球员击出一个快速滚地球，向着他而来，从他的两腿之间穿过，结果让对方连得两分。包布的棒球生涯就此结束。

最后包布去打篮球。他们需要12名男生组成校队，而有17个申请参加。校队名单公布了但包布的名字不在上面。瘦小、体弱、不够结实，似乎他根本就没有办法和运动挂钩。但是他极想成为一名运动员，天天和高头大马的人在一起。

因此，包布到教堂和传教士晤谈。这位传教士立刻看出他的内涵。传教士更有一个构想——"我们来组织一支教会篮球队，"他说，"我们要其他几个教会也组织篮球队。"这些球队都是由没能够当上校队的男孩组成。包布现在终于加入了球队。

包布有生以来第一次感觉自己是重要人物。他不断地练习，他把一个铁丝做的挂衣架扭成篮筐的模样，钉在车房的墙上。他一个小时接一个小时地用网球来练习投这个克隆篮筐。他的父亲见他这样勤奋，就给他买了个篮球和一个篮板。

每天下午放学，包布就练习投篮，直到吃晚饭时才停下来。做完作业，再练到天黑。每当他在街上看到打开盖的垃圾桶，就会投个东西进去，平常也经常投东西到篮子里去。他因此成为教会球队得分最多的一员。他决心要在篮球上表现得出人头地，他内心的潜力推动着他。

包布没有足够的体力，因此他每天都要进行体能训练，来加强双腿和手臂的肌肉力量。据说就因为他有这样的决心和恒心，他在中学二年级那年竟然长高了13厘米。等到他三年级的时候，他就进入校队了。教练简直难以相信包布的变化，他认为包布"在去年连当候补球员都不够格"。

包布四年级时，他的校队赢得了全州高中学校篮球联赛的冠军，而包布后来又成为路易士安那州立大学以及而后的圣路易鹰队的得分之王。他在体能和精神上都是了不起的模范人物，是他那一代伟大的运动员。这是什么原因呢？因为他实践了两项原则——认识和坚持。了悟自己内在的潜力之后，他就不放弃。

不是一定要成为伟大的运动员才可以运用这种认知和坚持的原则。在日常生活中，我们也常常会遇到许多状况，需要我们运用积极的思

考和永不放弃的毅力。

总是可能会在有些日子里事事不顺利，处处碰壁。这时，坚持的精神就应该出现，你必须想起你的目标，并告诉自己："值得为这个目标努力。再试试看。"你必须相信现在就放弃的确是太早了！

包布的故事使我想起了歌德的话："不苟且地坚持下去，严厉地驱策自己继续下去。就是我们之中最微小的人这样去做，也很少不能达到目标。因为坚持的无声力量会随着时间的延续而增长到没有人能抗拒的程度。"这也就是说，继续努力，一切就没有问题。

自我激励会产生伟大的力量

生活总不是一帆风顺的。没有人能免于失意挫折，而风平浪静地度过一生，失意沮丧正是突破困境、向成功迈进的关键。失意可说是一个人必经的历练，并非只是空想就能有所突破，必须学会自我激励，坚守信念，持续不断。

你不能因为遇到挫折就放弃、沮丧。一般人都认为不可能的事，你却肯向它挑战，这就是迈向成功之路了。然而这是需要信念的，信念并非一朝一夕就可以产生。因此，想要成功的人，就应该不断地去努力培养信念。

信念要如何培养？其中的一个方法是和看不见的真理接触，利用从潜能传来的无限的能力，使事情变为可能。另一个方法是，提高自己的欲望，借着提高自己的欲望来培养自己的信念。也就是要抱着欲望去迎接挑战，而从经验中培养信心。

怎样把自我激励的秘诀用于生活中去呢？首先要养成一种"习惯"。"播下一个行动，你将收获一种习惯；播下一种习惯，你将收获一种性格；播下一种性格，你将收获一种命运。"这段话的意思是说，人是被习惯所支配的，而你可以选择或养成好的习惯，只要你应用"自我发动法"。

那么，自我激励的秘诀是什么呢？促使你应用这一秘诀的自我发动法是什么呢？

自我激励的秘诀就是"行动"。自我发动法实际上就是一句自我激励警句："立即行动！"无论何时，当"立即行动"这个警句从你的潜意识心理闪现到意识心理时，你就该立即行动。

平时就要养成一种习惯：用自我激励警句"立即行动"，对某些小事情做出有效的反应。这样，一旦发生了紧急事件，或者当机会自行到来时，你同样能做出强有力的反应，并立即行动起来。

以这种自我激励的信念为种子，播在你的意识中，然后注意培养、管理。不久，这个种子会慢慢生根，从各方面吸收着养分。如果能热心又忠实地继续培养信念的话，不久所有的恐惧感就会消失殆尽，不会再像过去一样出现在软弱的心中，自己也就不会再成为环境的奴隶。但是你必须站在高塔上去面对环境，并且发现自己能有对环境指挥若定的伟大力量。

慎言失败

帖木儿皇帝的经历也证明了"绝不要轻言放弃"这一观点。他被敌人紧紧追赶，不得不躲进了一间坍塌的破屋。就在他陷入困惑与沉思时，他看见一只蚂蚁吃力地背负着一粒玉米向前爬行。蚂蚁重复了69次，每一次都是在一个突出的地方连着玉米一起摔下来，它总是翻不过这个坎。哦，瞧！到了第70次，它终于成功了！这只蚂蚁的所作所为极大地鼓舞了这位处于彷徨中的英雄，使他开始对未来的胜利充满希望。

失败是对韧性和钢铁意志的最后考验。它或者把一个人的生命击得粉碎，或者使它更加坚固。

怎样才能培养出这种不放弃、打不败的态度？办法之一是永远不要说失败，因为如果你一再说失败，你很可能会说服自己去接受失败。

菲丽丝·席模克曾讨论过"良言"这个观念，以及使用消极否定的话的危险。例如她以"不"这个字为例，"不"表示关上了大门，"不"这个字指失败、垮台、延误。但是把英文"不（no）"倒过来拼，就有了新希望，因为倒过来拼就成了"继续（on）"，就有了活力和行动。不松懈地继续追求你的目标，直到你的问题解决，你的困难也就化解掉了。

她也要求我们注意"teem（充满）"这个英文字。在我们生活中的每一件事似乎都充满困难，充满了遗憾，充满了无力感。因此，她建议我们把这个字倒过来，拼成"meet（迎头处理）"，每一个问题出现的时候，迎头加以处理，你就不会再充满挫败和失望感了。每一项挑战升起来的时候，若奋起迎头处理，你就会获得很多的成果，你必会有所创造。因此，你要把no拼成on，把teem拼成meet。

你应该开始说些有益的话，像希望、信仰、信心、胜利之类的话。你也应该运用强有力的肯定语句：

"如果我认为我行，我就行。"你应该在这个基础上行动、思考和工作。这样去努力，整个人就会开始走向顺境，得到好的结果。

真的，你能不能够达到目标，常常要看你对一些巨大的挫折怎么反应。你是放弃？还是继续努力？

事情就这么简单。你决定要怎么办，就决定了你未来的前途。

尽量改变你的想法，改用一种积极的、建设性的方式迎头去处理问题。请记住这条坚定的原则：轻言放弃总嫌太早。

第二章　审视自己的能力

> 觉得自己能做到或不能做到，其实只在一念之间。相信你自己，永远不要让你的猜疑阻碍了你追求梦想的决心。
>
> 当然在你身体里可能没有一只老虎，但是在你的心智里必定有一只鹰。
>
> 如果没有人对你说过你不能办到，你要为此高兴；如果有人对你说过，你要把这句话抛到九霄云外。

他真是个了不起的人，令人永远怀念，他的名字是乔治·瑞佛士，俄亥俄州诺个伍镇威廉士大道小学五年级的老师。我是他的学生之一。

瑞佛士先生身高 190 厘米，体重 100 千克，他的面孔崎岖不平，好像是花岗岩绝壁，而且正如太阳照在绝壁之上，他的面庞会发出光彩，他真是太美好了。

他的为人也像他的身材面貌一样令人印象深刻。他的教学方法非常简单，他对他工作的看法是把男孩教成男人，把女孩教成女人，让孩子们成为坚强而不会被打败的男人和女人。

这位老师的手掌大如火腿，这一点我非常清楚，因为他经常会在我的屁股上使用它们，而且用起来坚定有力。他对我们施行体罚，但是他很公平，只有你是自找的，他那巨掌才会落在你的身上。他倒从来不体罚女学生，只是用脸色吓吓她们。

相信自己的能力

有一次我在报纸专栏上说到瑞佛士先生的故事，结果我收到了他以前的 100 多位学生从美国各地写来的信，说他们也曾经受过这位伟大老师的处罚。

他之所以伟大，是因为这么多

年来，他所教的观念和原则，我仍然记得，并且遵照着去做。我之所以在这里讲这些事情，是为了给那些不同意这种教学方法的人提供一些助益。

偶尔在上课的时候，并没有什么明显的理由，瑞佛士先生会大声地吼着："肃静!"他大叫"肃静"的时候，大家就会肃静，一点都不是开玩笑的。然后他就会在黑板上一笔一划地写出两个大字"不能"，转过身来，他会以期盼的眼神看着我们，我们知道他要我们说什么，我们也就大声地喊着："把'不'擦掉!"于是瑞佛士先生就以横扫天下的姿态，把"不"字擦掉，留下一个"能"字，醒目地独留在黑板上。

"大家要把'不'擦去而留下'能'，作为你们的一课。"他会这样说，一面擦掉手指上的粉笔灰。"你们要成长为坚强有才干的人，相信你们自己。你们不是要长成弱小的侏儒，你们要发展成为真正的男人和女人，而我要告诉你们，你们可以为自己创造一番事业。要达到这个目的，你们永远不要忘记这个成功的原则——你认为你行你就行。"

在这样的情形之下，哪一个孩子会忘记这个看法呢？何况这位深信这一原则，又极力加以宣扬，坚强而又有说服力的人，经常把这种观念一再打入我们的意识之中。当他把这一观念打入到我们的心智之后，我们的想法有了极大的转变，在这个观念充满了我们的思想以后，我们就发动了一场心灵革命，我们终于发现了自己，继而转变成具有创意和能力的人。

你使自己惊奇过吗

很明显，这项原则表示了一个人的内心深处埋藏着巨大的潜能，而这一点正是我们希望强调的。人体内确实具有比表现出来的更多的才气、更多的能力、更有效的机能。托马斯·爱迪生是位不折不扣的科学家，当然不习惯胡言乱语，说些毫无根据的话。爱迪生曾经说："如果我们做出所有我们能做的事情，我们毫无疑问地会使我们自己大吃一惊。"从这句话中，我们可以提出一个相当科学的问题："你一生有没有使自己惊奇过?"当然，你认为你能，你就能使自己惊奇。

有一次，我读到一篇文章，讲述了一件极富戏剧性的事，在韩战期间，一艘美国驱逐舰停泊在韩国北部东岸的元山港，那天晚上万里无云，明月高照，一片寂静。一名士官例行巡视全舰，突然停步呆立，他看到有个大而乌黑的东西在不远的水面上漂浮着，他惊骇地看出那是一枚触发水雷，可能是从一处雷区脱离而来，正随着退潮慢慢向着舰身中央漂浮。

抓起舰内的通讯话机，他通知了值勤官，值勤官马上快步跑来。他们也很快地通知了舰长，并且发出全舰戒备信号，全舰官兵立刻动员了起来。

官兵都愕然地注视着那枚慢慢漂近的水雷，大家都了解眼前的状况，灾难即将来临。军官立刻提出各种办法。他们该起锚开走吗？不行，没有足够的时间。发动引擎使舰身漂离开？不行，因为螺旋桨转动只会使水雷更快地漂向舰身。以枪炮引发水雷？也不行，因为那枚水雷太接近舰里面的弹药库。那么该怎么办呢？放下一只小艇，用一只长杆把水雷携走？这也不行，因为那是一枚触发水雷，同时也没有时间去拆下水雷的雷管。悲剧似乎是没有办法避免了。

突然，一名水兵想出了更好的办法。"快把消防水管拿来!"他大喊着。大家立刻明白这个办法的道理。他们向舰只和水雷之间的海上喷水，制造了一条水流，把水雷带向远方，然后再用舰炮引炸了水雷。

这位头脑清楚、思路条理分明的青年使得他身边的人都大感惊奇，

毫无疑问地，他在危机中表现出来的能力也使他自己惊奇不已。当然我们每一个人都有这种天赋的能力，有些人的这种能力或许比别人还多，没有一个人天生就缺乏创造的潜能。这也就是说，不论有什么样的困难或危机影响到你的状况，只要你认为你行，你就能够处理和解决这些困难或危机。你应该对你的能力抱着肯定的想法，这样就能发挥出心智的力量，并且会产生有效的行动。

成功是要看重自己

为了真正地"生活"，也就是过得活泼而快乐，首先必须能了悟活泼快乐的生活意义，此外你还得了解自己，接受自己。必须自尊自信，得有一个大大方方的自我，用不着遮遮掩掩；必须有一个实实在在的自我，可以适应现实生活；必须了解自己的特长和弱点，不自欺欺人。总之一句话，你的自我心像必须尽量跟"你"相同，不多也不少。

几年以前，我为《这一周杂志》(This Week Magazine) 的"金玉良言"专栏写了一篇文章，引用卡莱尔的话："啊呀，最可怕的怀疑，就是不信任自己。"那时我说："在生活中所有的陷阱和圈套中，不自爱是最糟糕的，也是最不易克服

第二章 审视自己的能力

的——因为这是用自己的手挖出来的深坑。可以简化到下面这句话里："不行，我做不到。'"

"轻易屈服的代价很严重——无论是个人物质的损失，或者对于社会公益和进步来说，都是如此。"

"身为医生，我可以指出：失败主义还有一个不为人知的层面，一个很奇异的层面。上面这句话很可能是一个人对自己的坦白招供——他不信任自己。这个秘密藏在他的专制独断、暴躁易怒和他严厉的家规背后。"

要想改变自我心像，不一定先得把自己弄得好一点。你只要先调整你的心理影像——你对自己的看法。从这里来改变你的自我心像，就会得到意想不到的效果。

事实上，人通常比自己认定的更好。当他改变自我心像的时候，并不需要去增进他所拥有的技能。他只需要把已有的技能与天赋应用出来就行。

当你了解到你的学习与智慧都不够的时候，你已经开始踏上学习的第一步了。当你了解到你还没有具备足够的能力时，你已经开始要成为一个颇有才干的人了。

近些年来，有人提出一个观点，解释积极思想在某些人身上可以发挥效用，而在另一些人身上却不起

作用的缘故。这个观点认为积极思想需要与自我心像相配合，才能发挥效用。但如果超过自我心像的范围，则不一定有用。

一旦你发现自己对自己的看法十分消极时，再多的积极思想也不管用。

你怎么看待这个世界并不那么重要。最重要的是你如何看待自己。因为你对自己的看法，决定了你对这个世界的看法。

每个人都有能力可以茁壮成长，和随时改变自己。

你知道世界上最大的空间在哪里？那就是你所能改进的空间。

有人问一位著名投手狄恩先生，他已经是世上最好的投手，为什么还这么勤于练习。他回答说："当你不再让自己变得更好之时，你连好都谈不上。"这总括了我们为什么要不断练习的原因。什么能使你表现良好呢？就是当你一直想要做得更好的时候。

个人成就操之于己心

人生真正的挑战不仅在于实现你的追求，还要懂得珍惜你所拥有的一切。很多人都知道如何获取自己想要的东西，但是得到之后，却往往抛诸一旁。这些人永远不知足，

总有着强烈的攫取欲。他们的不满总是溢于言表，仿佛生活中总有那么一件事情，让他们感到忧心忡忡。

另一个极端则是那些过分安于现状的人。这些人对自己所拥有的一切都满意得不得了，甚至不知道自己还需要些什么。于是，他们拥抱生命却无法实现梦想；他们尽全力表现，却不明白为什么别人得到的总是比他们多。在现实生活中，大部分人都处于这两种极端之间。

所谓个人成就，即在于撷取二者精华，也就是立足于这两个极端之间：你可以得到自己想要的东西，同时又能持久地珍惜已经拥有的一切。衡量个人成就的标准并不在于你是谁、你拥有多少财富、你取得了多高的成就，而是在于你对自己、你的成就和所拥有的一切，是否感到满意。因此，个人成就操之于己心。当然，我们必须明确，自己究竟需要什么，以及为什么要追求这样的成就。

但是，个人成就不仅只是喜欢或满足于你的现状，它还包括你有信心得到自己想要的东西，而且能够充满斗志，全力争取。你必须清楚地知道如何营造你想要的生活。对于一些人而言，个人成就在于如何活得更快乐；对于更多人而言，

个人成就则有赖于学习以上这两种重要技巧。

我们不一定非要依赖机缘、命运或运气来达致个人成就。虽然有些人天生就有能力功成名就，但学习仍是大部分人走向成功的必由之路。不过值得庆幸的是，你可以学习成功的技巧，而且你可能比想象中更接近成功的彼岸。只要在思考方式、行为举止或是心态上做些微小却显著的改变，就可以营造你渴望的生活。

以下这 4 个步骤可以帮助你取得更高的成就。

1. 确立你的目标。请你客观地面对现实，并清楚地勾勒出下一步你该怎么做，以便使自己于内在（精神）与外在（物质）成就之间找到一个平衡点。不管你多么努力，如果只是盲目地朝着错误的方向前进，你就会碰到重重阻力，永远无法达成目标。你必须倾听心灵深处的声音，而不能只凭感官的欲望行事，这样你才能做好准备，开始追求精神与物质的成就。

2. 满足你真正的需求。如何满足自己真正的需求？仅仅说"我要做我自己"是不够的，为了真正了解自己、诚实面对自己，你必须明确人人都需要的种种情感支持。当你了解自己拥有哪些、又错失了哪

些后，就会真切地体味到内在成就的喜悦。就像一部车子，即使功能齐备，如果不给它加油，它一样无法发动。如果你没有得到你所需要的情感支持，就会找不到真正的自我。

3. 获取财富。达致物质成就与实现自我并不矛盾。领悟了其中的秘诀之后，你就可以在创造物质财富的过程中寻求到快乐。请谨记：在追求物质成就的过程中，正向思考、坚定的意志和你的热情都非常重要。学会正视并转化负面的情感与思想，就能使内心充满力量。

4. 除掉成功的障碍。请你特别小心，并学会除掉种种阻碍你获取成功的心理障碍，包括责难、沮丧、焦虑、漠不关心、骤下评论、犹豫不决、推托、过分追求完美、怨怼之心、自怜、困惑和罪恶感。可以说，这是一种技巧，你必须予以掌握并在生活中适当地运用。

总之，成功的秘诀即在于保持内心的平静、欢欣、关爱与自信。当你很清楚应该如何追求既定的目标时，会感到胜券在握，也会无比珍惜追求的过程。你或许无法立即实现梦想，但是当你敞开心扉、面对真正的自我时，就会享受并珍惜生命旅程中每一个独特的时刻。你会发现，人生是否完美，在于你追求什么，因而，你不会再苛求完美。

你有力量决定你的未来、达致个人成就，而且命运掌握在你自己手中。认识到这些，你便可以着手解决一些阻碍成功的问题，也可以由全新的角度来审视生命中的每个细节。你将充满信心，迈向你追寻的目标。上述 4 个达致个人成就的步骤将引领你，不断创造你真正向往的生活。

我们所思所想才是真的

我们的行为受制于我们所引以为真的事情上。我们潜意识中所贮存的那个形象不一定会完全表现出来，但我们意识中所信以为真的事情，则会控制我们的行为。

我们一起来想一件事。假设有两个人在一条路上走。一位是比尔，一位是吉姆。吉姆告诉比尔，他让小路那一头的朋友约翰披一件熊皮，想要吓比尔。但后来吉姆不打算让约翰这么做了。他们两个人一同沿着小路走，一直到达终点。在那里，约翰没有穿熊皮出来恐吓人，但却有一只真熊在那里。

你想比尔碰到那只真熊的时候，他会被吓着吗？

当然不会。因为他认为那只熊是约翰装扮的，他的神经感觉与他所相信的是一致的，所以他表现出来的，就是他仍然相信那只熊是约翰装扮的。

其次，如果我们的观念、我们的自我心像受到扭曲，那么我们对外界亦常有不适当的反应。

你一定同意，观念来自何处，或怎么来的并不重要。不论它是来自亲友、学校，或者你自己，你都已经完全照着你所相信的，在立身行事了。

你有能力、知识去完成一个快乐的人生。只要你改变自认不能完成的错误信念，你的能力即可发挥出来。

审视自己的力量

我们现在以一位外国青年为例，他要上大学，但是他有自卑感，不敢向美国大学提出申请，他怕自己的英语不好，同学会笑话他，他甚至怀疑自己是不是能够读下去。他有进取心，但是却因为他把自己的能力看得太低而阻碍了自己前进的步伐。

我想起了吉卜龄的话，就把这句话转送给他。"我们可以为失败提出 4 000 万个理由，但是没有一个可

以作为借口。"我告诉他任何人或任何事都不一定会击败他，尤其是他自己更不会击败他，因为他是一位聪慧的青年，只要他认为他行，他一定会读好大学。

"永远不要认为自己会失败。"我劝告他说，"这样是最危险的，因为心智总是会照着你所想的去做。你要清楚地在你的心智中印上你会成功的景象。你尽管上大学，你随着同学一同笑话自己，他们会因此而喜爱你。不要因为你的发音不准而自觉差劲，谁知道呢，说不定有一天你会成为英语专家。现在，不要因为这个原因退缩。一旦你改变了你的态度，你会惊讶于同学对你是多么的友善。"我们成功地说服了他去上大学。他果然受到同学的喜爱，而且学习成绩也很好。

这种引发不幸的自认差劲的感觉，可以说比任何事都能损伤一个人。但是不论你受到的这种伤害有多久，你都可以把它解除掉。只要你肯改变，只要你有决心，这种感觉就会逐渐消失掉。只有在你尝试过之后，你才会真正知道你能够做什么。只要你有决心，一直保持着积极的想法，并且一直尝试下去，继续前进，你就不会失败。

一旦有一个否定自己的想法来到心中，你就大声说出一个肯定的

第二章　审视自己的能力

想法，来把它排除掉。不要在你的心中筑起障碍，不要太看重所谓的障碍，把它们看小一点。当然，我们必须研究困难才能够把困难消除掉，但是我们必须按照它们真实的性情来看待它们，不要因为害怕的想法而把它们看得太大。

在你认识了你内在潜能的力量之后，你就会了解到，排除了你过去有过的自卑的感觉，你就一定会获得成功。

首先征服你的内心世界

许多人似乎具有十足的成功条件，可是他们并没有成功。他们拥有天赋的能力，接受良好的教育，具有吸引人的特质、优异的才华——但并没有成功，为什么？

然而有些人并不具备这些优点，却在事业、家庭与社交上卓然有成。

人的失败往往不是因为他欠缺知识、教育或者天赋，而是因为他不肯切实去做。

许多人劳碌一生，而所获无几，那是由于他们不知道他们到底想要获得什么。如果他们最后还拥有什么的话，那也是基于运气，而不是自己主动选择的结果。

当一个人不再追逐无谓的乐趣，而认真地寻求真正的幸福与成

功——那就是他生命中的转折点。每个成功的人，他们一生中都有一个转折点。因此，要做一个成功的人，首先要创造一个转折点，而这个转折点，全靠你自己来创造。

如果你已经来到这个转折点，你正迈向更大的成功与幸福，这本书更可以增强你的意志，并告诉你如何激发雄心、锻炼技巧，以实现你快乐而富足的生活目标。

人类征服外太空的速度，令人吃惊，然而，为什么唯独对于内心世界的探索，却未有进展？

巨大的火箭把地球人送上月球，我们借着小小的摄影机，似乎可以跟他们在太空一起漫步，这一切都证明了人能应用逻辑推理的特性。但即使苏俄太空船中的地球人，仍然显示人类嫉恨与非理性的情绪，这种溯自《圣经》里的人物该隐的罪恶情绪，一直尾随着人类的历史。

当然，一个新闻记者，不必想到有关越南及朝鲜战争，便能看到人性黑暗的一面。因为"阿波罗8号"升空的那一年，正是参议员罗伯特·肯尼迪和金恩博士被刺的一年。还有许多的暴力事件，处处都显示人心并不像科技所呈现出来的那样明智。

太空科技带给人的乐趣已大大减低了。因为人类正在研究如何将

其应用于军事用途，而不用来提升人类生活的福祉。

我们惊叹人类如此轻而易举就解开宇宙的奥秘，但为什么却不能解开人类内心幽暗的秘密，是什么使我们变得邪恶而深具破坏力？

人可以登上月球，但却不能驱逐这个看似细枝末节的麻烦，这个疑问，我们也许只能从历史的轨迹中去寻找答案。

为什么许多事物别人看到了，我们却看不到？反之，我们看到的事物，别人却又看不到呢？显然，看清一件事情的真相比我们想象中要难得多，人们很容易被蒙蔽，我们会制造事实的幻象。

你所看见的（在你的印象中），就是你的收获；你所想到的，就是你所得到的。你要接受你所想到的一连串结果。

如果你认为那些未经训练而且对某些事未花过心思的人也能探悉你所知道的一切事物，那就未免太过愚蠢了。而且，你又假设他真的知道，而与他进行这方面的辩论，这种假设真是太可笑了。

另一个在辩论中常有的假想是，你认为你可以在一瞬间改变对方的价值观。这不会是真的。原因是我们今天的样子来自过去。我们或者维持现状，或者有所改变，也缘于

过去。认为经过一时的理性（或知性）的讨论，就能改变对方长久维系的状态，这是不可能的。

改变一个人的思想，要在那些思想成形之前，如果你想要在刹那间，而且是运用辩论的方法改变一个人的思想，那的确很荒谬，改变一个人的心理，是很多过程造成的，并不是因为你现在要改变他就可以改变得了。辩论所讨论的永远仅限于对方的现状，不会造成什么重大的改变。显而易见的是，你若想用辩论的办法改变一个人，那是大错特错的念头。

如果有一些观念或技巧跟你目前的想法并不一致，你所要做的，并不是去推翻这些观念或技巧，而是要先在多方面设想它在你生活中的可行性。我们都拥有无比的潜力，这是不容置疑的，因此我们要勇于尝试。衡量成功的标准不是我们拥有多少能力，而在于我们究竟运用了多少。

希望与结果成正比

一个人除非对他的成功抱有迫切的希望，否则很难成就大事。妥善运用你"渴望成功的需求"，往往会产生惊人的力量。

如果抱着微小的希望，只能产

生微小的结果，这就是人生。

人的内心有着无限的力量，这个力量是当一个人发挥出他的个性时，他的人生就会有惊人的成就。

这种变化虽然不易感觉到，可是不久他就会接受到潜能的供给，而对自己发出巨大的力量感到惊讶，他就会发现自己的本性是何等庄严而伟大。因此，他就会勇敢面对自己未来的命运。

我们的能力像沉睡的矿藏深深地埋在地下，若能把它发掘出来，发展下去，人生就会有惊人的发展，不可能的事也会陆陆续续地变成可能。

但是，这要看这个人是否能选择自己应该走的路。

任何人都可以爬到自己想要的成功事业的顶峰，同时当他选择要爬上成功事业顶峰时，全宇宙最大的力量就会帮助他，一直把他推上成功事业的顶峰。

我们有了某种决心，并且相信确有实现的可能性时，各方面的力量都会动起来，而且把自己的决心往上推到实现的方向。这种事，你一定可以亲眼看到的。

知道你能做什么

汤姆·邓普西就是一个好例子。

他在几年前的橄榄球比赛中，一脚踢出了令人难以相信的 63 码远，轰动了运动界。

汤姆生下来只有半只右脚和一只畸形的右手。他父母真了不起，他们从来不让他意识到因为自己的残障而感到不安。结果是任何正常男孩能做的事他都能做，如果童子军团行军 5 千米，汤姆也同样走完 5 千米。为什么他不能呢？他没有什么比别人差劲的地方，任何孩子能做到的事，他也都一样可以做到。

后来他要玩橄榄球，而最重要的是，他有在某一方面出人头地的欲望。他发现，他能把球踢得比任何在一起玩的男孩子都远。为了充分发挥这种能力，他要人专门为他设计一双鞋子。他从来不因为自己长了半只右脚和畸形的右手而有什么不妥当的想法，因此他参加踢球测验，并且得到了卫锋队的一份合约。

但是教练却尽量婉转地告诉他，说他"不具有做职业橄榄球员的条件"，促请他去试试其他的事业。最后他申请加入新奥尔良圣徒球队，并且请求他们给他一次机会。教练虽然心存怀疑，但是看到这个男孩这么自信，对他有了好感，因此就收下了他。

两个星期之后，教练对他的好

感更深，因为他在一次友谊赛中踢出55码远而得分。这种情形使他获得了专为圣徒队踢球的工作，而且在那一季中为他的一队踢得了99分。

然后到了最伟大的时刻。球场上坐满了6万多球迷。球是在28码线上，比赛只剩下几秒钟，球队把球推进到45码线上，但是可以说根本就没有时间了。"邓普西，进场踢球。"教练大声说。

当汤姆进场的时候，他知道他的一队距离得分线有55码远，这也等于是说他要踢63码远。在正式比赛中踢得最远的记录是55码，是由巴第摩尔雄马队毕特·瑞奇查踢出来的。

球传接得很好，邓普西一脚全力踢在球身上，球笔直前进。但是踢得够远吗？6万多球迷屏气观看，然后其终端得分线上的裁判举起了双手，表示得了3分，球在球门横杆之上几寸的地方越过，汤姆一队以19比17获胜。球迷疯狂呼叫，为踢得最远的一球而兴奋，这是由只有半只脚和一只畸形的手的球员踢出来的。

"真是难以相信。"有人大声叫，但是邓普西只是微笑。他想起他的父母，他们一直告诉他的是他能做什么，而不是他不能做什么。他之

所以创造出这么了不起的记录，正如他自己说的："他们从来没有告诉我有什么不能做的。"

永远不要告诉你自己你不能做这个，不能做那个，永远不要消极地认定那是不可能的。你要告诉自己你能。首先你要认为你能，再去尝试，再尝试，最后你就会发现你确实能。

登上精神之山巅

现在我们再来谈另一个危机。这是我的朋友肯萨斯州拖佩卡镇的本·富兰克林所面临的危机。我在这儿提出这个故事，为的是要说明"你认为你行，你就行"这个观念的力量，尤其是它配合精神的时候。在1972年元月号的《标竿》杂志上，本·富兰克林说：

我在18岁的时候，山开始和我作对起来。

在那以前，我一直是山的主人，登山一直是我最大的喜好。每年夏天我都要爬山，而每年冬天我都梦想着在下个夏天我又要去登山了。

但是1963年4月14日，我从山上摔了下来。我带着科罗拉多大学两名一年级学生去爬山，我攀登一处垂直面，我的绳子磨到了一处崎岖的突出面，绳子断了，我仰跌下

去，跌到有 7 层楼高的峡谷下。

等到救援队带着担架到来的时候，我已经昏了过去。我被绑在担架上，带下峡谷，抬上救护车，它尖叫着高速行驶，很快我被送到丹佛。

外科医生把我碎裂的骨盆拼凑起来，又辛苦了 4 个小时，把我裂成 4 块的背组合起来。接着又经过了好多天加护医治。在疼痛减轻之后，我也恢复了知觉，但是精神上的痛苦开始了。

盖在我身上的被单不会移动，我可以转动我的手指和扭动我的手腕，但是令我极为惊恐的是，我发现腰部以下的我已经死掉了。失掉了那双曾经支持我登山的腿？这事怎么可能发生！

我愤怒。那双腿是我的，它们以前在我的指挥下可以移动。我残暴地试着要找到一些可以收缩的肌肉，找到一些可以穿透被单下死寂身体的神经。我转动我身体内每一根情感组织，传达意志，以使我的腿能够移动，但是毫无反应。

我挣扎着要找寻恢复的希望。好多天过去了，我的腿部肌肉开始萎缩。我开始祈祷——绝望地祈祷。但是，我一直鼓励着自己不要泄气，我即使终身残废，我还拥有我的意志。我只希望我的腿能动一动，哪怕只动一下。

有一天晚上我居然可以扭动一只足趾。

足趾真的动了吗？或者那是摇动的影子？

我极度惊奇地注视着被单那一点，害怕再试一次。然后，非常小心地，我又试了一次。

被单再度移动了。我爆发出极度的快乐声，大笑大叫。一位带着一脸关注的护士走了进来。我要亲她，她立刻跑了出去。

从那晚以后又过了好几年，我的快乐持续不断。我现在仍部分瘫痪，但是在轮椅上只坐了一年，我就进步到借着腿支架，拄着拐杖走路了。后来我大学毕了业，跟我父亲一起工作。他是安排演讲的经纪人，我也拄着拐杖跟着他走遍了全世界。

我为我所走的每一步感谢我自己的意志。我甚至于感谢那座山，因为就是经由那一次事件，我发现了比登山还深的欢乐。我为我只在 18 岁就发生事故而感到快乐。

放弃"不可能"

谈到"不可能"这个观念，我想起拿破仑·希尔——著名成功学家——用的奇特办法。年轻的时候，他抱着要做一名作家的雄心，为达到这个目的，他知道自己必须精于遣词用字，字将是他的工具。但是由于他小的时候很穷，接受的教育并不完整，因此"善意的朋友"就告诉他，说他的雄心是"不可能"实现的。

年轻的希尔存钱买了一本最好的、最完全的、最漂亮的字典，他所需的字都在这本字典里面，而他的意念是要完全了解和掌握这些字。但是他做了一件奇特的事，他找到"不可能"（Impossible）这个字，用小剪刀把它剪下来，然后丢掉。于是他有了一本没有"不可能"的字典。以后他把整个的事业都建立在这个前提下，那就是对一个要成长，而且要成长为超过别人的人来说，没有什么事是"不可能"的。

我不建议你从你的字典中把"不可能"这个字剪掉，而是建议你从你的心智中把这个观念铲除掉。谈话中不提到它，想法中排除它，态度中去掉它。抛弃它，不再为它提供理由，不要再为它寻找借口。把这个字和这个观念永远地抛开，而用光明灿烂的"可能"（Possible）来代替它。而"可能"这个字的意思也就是——你认为你行，你就行。

记着这句了不起的话："你们若有信心像一粒芥菜种子……你们就

没有一件不可能做到的事。"把这段话写在一张卡上，放在你的钱包里随身带着。更好的做法是，把这段话明白地写进你的心智之中，遵照着去做，而且一定要做到，然后在最深的意识里你就一定会掌握这段话的真谛，你就会完成了不起的事业。

为了获得善果，你应该建立瞧不起"不可能"这个观念的健康态度。你应该无情地用科学的方法来检视这个观念，人们认为某件事情不可能做成，实际上只表示了他对事实认识不够，"不可能"是沿着一种错误观念所产生的说法。在仔细地、客观地研究之后，就会显出所谓"那是不可能的"的说法是缺乏实际根据的。

我记得在我年轻的时候，对最不可能的事大家常常这样说："这和飞到月亮上去一样办不到。"

跨越"不可能"的桥

华特·席斯乐写过一篇横跨麦基奈克湖峡的一座大桥的故事。早在19世纪80年代，密歇根州有远见的商人就建议在这个湖峡上建一座桥。铁路已经有一条支线向东穿过密歇根州上半岛到湖峡北岸的圣伊格雷斯，也有一条支线从底特律向北到湖峡南岸的麦基劳市，而以渡船运送旅客和货物来往于分隔这两条铁路终端的五里宽的水面。到了冬天的时候，湖湾中结了冰，渡船不能动了，这样就妨碍了半岛上经济的发展。

各个团体陆陆续续倡议建一座桥，但是他们一再遭到"不可能"这句话的阻拦，自作聪明的人说建桥是不可能的，因为永远没有办法建出一座能抵抗得住横扫湖峡的强风的桥来。又有人说建桥是不可能的，因为冬天里厚冰的压力会压碎、损坏桥柱和桥基。更有人认为建桥是不可能的，因为湖峡的底床是泥板岩，不能承受桥基的重量。

几十年来这些反对理由阻延了建桥的进展。在第二次世界大战结束后不久，普伦第士·布朗参议员出面安排，对这些所谓的障碍做了一番科学的调查研究。

调查发现湖峡所曾记录的最大风速，是在 1940 年 10 月一次暴风雨中的每小时 78 千米，而土木工程师证实可以设计出能承受 2.5 倍于这个风速的桥来。工程师也定出了桥和桥基的规格，足以承受地球上最大的冰面的 5 倍压力。彻底地测试显示湖峡下面的岩石可以承受超过每平方尺 60 吨的压力，计算指出桥基可以保持在每平方尺只产生 15 吨以下的压力。

一旦这些发现推翻了以往悲观主义者的说法，这座长久以来被认为"不可能"的桥就有了建筑计划。但是就在要开工的时候，华盛顿州塔柯玛的一座桥，因为峡谷下面的风力上顶桥身，而突然垮了下来。如果麦基奈克湖峡也出现了向上吹的强风，那会发生什么样的事呢？这个阻碍建桥的问题很快就有了解答，工程师以塔柯玛灾难为借鉴，认识到在桥面上设置空格的重要，因为这样上扬的风就有了出路。

如此一来，这座长期以来梦想的横跨麦基奈克湖峡的大桥——被认为是不可能的桥——终于建成了，一共 2.5 千米长，高出水面 184 米。

筑桥工程的主任工程师宣称："只要有足够的意志力，足够的脑筋和足够的信心，几乎任何事情都可以做到。"他说的太正确了。正如哈瑞·法斯狄克所说的："这世界现在进步得太快了。如果有人说某件事不可能做到，他的话通常很快就会被推翻，因为另一个人已经做到了那件事。"

这个故事显示了：只要我们认为可以做到，而且以科学的方法推翻"不可能"的神话，我们就可以做到我们要做的事。

如果你面对问题时受到了"不

可能"概念的骚扰，你可以对所谓不可能的因素展开一次实事求是的、客观的研究，结果你会发现所谓的"不可能"，通常不过是源于对问题的情绪反应而已，而且你还会发现只要以冷静、非情绪的态度，运用智慧来检视所涉及的事情，你通常能克服这些所谓的"不可能"。麦基奈克湖峡大桥就是一个很好的例子。

最大的事实就是正确的想法，在信心和勇气之下，我们可以把"不可能"变成可能。能够做到这一点的人，必定是永远不甘于失败的人，他们必定不断奋斗和工作，而最重要的是他们必定永远相信生活，相信他们自己。

第三章　尽力解决面临的问题

> 不经一事不长一智。有问题正能增强我们的洞察力和干劲。所以不怕有问题，就怕没问题。
>
> 只有有生气的人才会有问题。你的问题越多，你也越有生气。
>
> 相信你行。相信解决你的问题是可能的，有信心的人可以做出了不起的事来，因此你要相信答案会出来，它确实会出来。

最近，我和朋友鲍尔斯共进午餐，他是布兰丝出版公司的总经理，也是过去我的著作的出版人。他常会用有趣的图画来表达他心中的想法。通常他一有想法，就随手写在纸上，如果找不到纸，他就画在餐桌的桌布上。那一天，他又画了一幅画，中间是一座大山，旁边站着一个小小的人。他说："这座山就象征着各种困难，现在，你说这个人应该如何走到山的另一边呢？"

"那很容易，"我说，"他可以从山底下绕过去。"

"太远了，他没办法做到。"

"好吧！他沿着山脚走过去。"

但是他摇摇头："还是太远了。"

"那从山顶爬过去吧！"

"也没办法，因为山太高了。"

我想了一下，便说："像地鼠一样，打个洞过去？"

"太深了。"他说。

"那么，"我说，"退回来，找个工具从山下面挖过去。"

"那也不行，"他说，"还是太深，他挖不完。"

"哦，"我说，"看来这是一座无法越过的山，不过我相信总有办法过去的。"

"没错，"鲍尔斯说，"答案就是你所说的积极思维，你先把自己的思维扩大，超越过那些困难。这种思想必须要在你的心中成长，要比你的困难还高，才可以超越。"

这确实是个秘诀，人力的扩展

是无穷尽的。你确实可以超越任何困难，你必须记住这一点。你要不断成长，超越任何困难，这是一个包含着力量的观念，而要实现这样的成长，必须先彻底了解自己。而且，也要通过祈祷来发展你的心灵和精神，这样就可以使自己变得比任何困难都强大。

实际上，每一个问题都隐含解决的种子，它强调了一项重要的事实，就是每一个问题都自有解决之道。关键是如何去找出这个解决之道来提示你如何处理和解决你的问题。

问题是生命的迹象

有人可能认为："如果我们只有些小问题，或者只有一点点问题，更好的是根本没有问题，那人生才叫惬意呢！"但是事实真的是这样吗？

我确实知道一个地方，那儿一共有 10 万人，那儿的每一个人都完全没有任何问题。你的双眼一定会发光，你会急切地想问："那是什么地方？"我告诉你，那是个墓园。

这完全是事实——住在墓园里的人都没有问题了。对他们来说，生活的狂热已经过去，他们不再辛劳，只是永恒地在那里休息，他们不再在意你我在报上看到或从收音机电视机中听到的任何事，他们完全没有问题。但是他们已经"死了"。

那么，根据逻辑，问题正是"生命"的现象。真的，我甚至要说，你的问题越多，你越充满了生气。

根据这种说法，我还要说，一个人有 10 个不好解决的大难题，要比只有 5 个问题的冷漠的人多出了两倍的生气。

如果你完全没有问题，那我就要警告你了："你很危险，你就快过去了，而你却还浑然不知。你最好立刻走进房里，关上门，跪下来祈祷你的人生能再赐给你一些问题。"

事实上，注意自己对问题的反应，可以进一步认识自己心智健康的状况。如果我们对问题的反应是唉声叹气，怨愤不已，抱着"为什么不公平的待遇会落在我头上"的态度，就可能是我们的心智状况需要治疗、帮助的征兆。如果我们能够体会问题只是生活中固有的一部分，并且认为问题很可能还对我们有利，同时也坚信自己有能力处理，那就显示我们的心智状态是健康的。

我们的祖先是思想家，因此他们知道唯有历经奋斗方能成为坚强的人。这就是说，"问题"对人的发展有督促的价值。问题能增进洞察力、精力以及一般的能力，使生活具有建设性。已故的美国著名电机工程师和发明家查尔斯·克德林深深体会这一点，因此他在通用汽车公司实验室的墙上钉了一块牌子，用来勉励自己和助手。牌子上写着："别把你的成功带给我，因为它会使我软弱。请把你的问题交给我，因为这才能增强我的能力。"

我们的祖先是哲学家，他们知道问题正是宇宙结构中的一部分。事实就是这样。他们认识到造物者的目的是要使人成为巍然屹立的人，有能力站起来正视生命的盛衰消长，经历生活的艰苦而不退缩、不怠惰，反而以创造和勇往直前的精神迎向前去。

积极思考如何处理问题

你可能遇到的问题有"畏惧"和"忧虑不安"。忧虑不安是一种受迫的感觉，认为某种可怕的事就要发生，已故的布兰顿医生常称忧虑不安为"最大的现代瘟疫"。此外，还有犯罪和怨恨的问题，混合着吸毒、酗酒、婚变和青年的问题。我们面临这些问题，但是根据布兰顿医生的看法，主要问题还是一种内心的冲突，一种能力不够的意识，

也就是一个人感觉自己没有应付人生问题的能力。

由于我以前参与过这一类的咨询事务，我认识到，要成功地处理这些问题，至少有3个重要的程序：1. 知识。2. 想法和思想。3. 信仰。换言之，也就是知、情、意。后来我和人接触的经验越多，就越肯定这3个程序。

在我们认识到自己的问题的根源之后，我们已经向处理问题的方向迈进了一大步。在洞察、知晓和了解之下，几乎任何问题都能迎刃而解。但是，如果我们不去认识问题，问题就会越发脱轨，越来越难处理。人类的智慧是极有力的，在我们运用智慧去研究、分析问题的每一面，梳理出问题的始末，好下定决心的时候，"智慧"可以发挥极大的力量。运用了我们的智慧之后，我们通常会发现，纵然是看起来极为复杂而具破坏性的问题，其实也可能含有极具创造性的解决方法。

我还记得和美国联合保险公司董事长克里蒙特·斯通的一次谈话。那时候我们一起从事一项计划，而这个计划却出了问题。我打电话给斯通先生："我们有了问题。"而他却给了我一个令人惊讶的答复："那要庆祝一番了。"

"但是，"我大声说，"这可不是

开玩笑的，这是个非常棘手的问题。"

但是斯通先生并不在意。"那么，"他高兴地说，"就更要庆祝了。"然后他加了一句："你要永远记着，每一项失利总会有相对的所得。"

他接着问我是不是已经仔细而充分地研究分析过问题了？有没有用科学的方法来处理问题？有没有去请教能力强的人？简而言之，我们对这个问题的各方面是否了解？还是给问题看似困难的表面吓住了？"让我们真正下手处理这个问题，"他说，"我们把这个问题分解开来看，看看什么地方不对，然后再用正确的程序把问题综合起来。"

我们运用知识，直到我们掌握了问题。这个问题初看之下像是无望解决的，而最后却证明了这个问题也很不错。我们分析了问题，看出了问题的价值。不经一事就不会多长一智。因此，你要正视你的问题，极可能它是你的朋友，而不是你的敌人。

问题只难倒弱者

多年来我有幸认识很多成功的人。他们之所以成功，至少有部分原因是因为他们学会了寻求对问题的认识。他们不愿意让自己被问题压垮，更不愿意被问题吓坏。相反地，他们冷静而实事求是，从各个角度深入地去研究情况。他们向专家以及向那些曾经面对过相似问题的人请教而获得建议。他们检视问题，仔细把问题分解开来看，直到他们对问题无所不知为止。他们运用智慧以认识和掌握问题，这样必会产生了解，而了解后就能克服任何难题，不论情况是多么的神秘或是看起来是多么的不能克服。以下是桃蒂·华特丝女士的经历——

那时二次世界大战刚结束，经济十分低迷，工作机会难求。我丈夫鲍比原来向人借钱买了间小型的干洗店，收入还足够养活一家四口，以及应付汽车、房屋等贷款。后来由于经济萧条，我们的经济一下子陷入拮据的状态。

我想赚钱贴补家用，但我既没上过大学，也没有特殊才能，实在不知道做什么。这时我突然想到高中的英文老师，她鼓励我往新闻报道方面发展，并指派我担任校刊的编辑，我自忖："我可以为本地小型的周报写些《购物指南》这类的专栏，来赚些稿费偿付贷款。"

然而在说明来意后，报社的负责人对我摇摇头说："抱歉，经济不景气。"情急之下，我想出个好主意，如果让我刊登《购物指南》，我自己负责找广告商，负责人最后同意给我时间，但劝我别抱太大希望，可能找上一星期也不会有什么下文。但他们错了！

我的做法果然奏效，这份收入不但偿还贷款绰绰有余，同时还买下了鲍比为我找到的二手车。由于工作量增加，我请了位高中女孩来照顾小孩，时间是每天下午3点到5点，3点一到，我便提起报纸，匆匆忙忙出门去会见客户。

但在某个阴雨的午后，我到客户店里收取广告文案时，却一一遭到拒绝。

"为什么？"我焦急地问。

原来他们发现瑞塞尔药局的老板卢宾·阿尔曼先生并没有在我的专栏上刊登广告，他的店是本地生意最好的。如果他不肯选择我的刊物，那表示我的广告效果大概不理想。听完之后，我一颗心沉到了谷底："我的房屋贷款全靠这4个广告客户呀！"我咬了咬牙，决定去找阿尔曼先生谈谈，他是个德高望重的好人，一定会给我一个机会。其实以前我已拜访过他多次，他总是以"外出"或"没时间"等理由拒绝见我。如果他肯跟我合作，那么其他的药商也会跟进的。

我走进阿尔曼先生的药局，见到他在柜台后面忙着。我脸上堆满笑容，手上拿着刊有《购物指南》的报纸，趋前向他表示来意："您的意见一向很受重视，可否请您抽个空，看看我的作品，给我一点指教！"

他听了之后，嘴角立刻往下拉，坚决地摆着手说："不必了。"看着他斩钉截铁的表情，我的心情像是瓶子摔在地上，碎了一地的玻璃片，不知如何收拾才好。

霎时，我像泄了气的皮球，连爬出店门的力气都没有。我在药局前面的红木小吧台前坐了下来，但我又不好意思白坐，于是我掏出身上最后一枚硬币，买了杯可乐，茫然地思索下一步该怎么做，难道我的孩子会像我小时候一样居无定所吗？难道我真的没有写作天赋？莫非我的高中老师看错了我？一想到这些，泪水突然涌上我的眼眶。

就在此时，我身边传来一个温柔的声音："为什么事伤心呀？"我回头一看，一位满头白发的慈祥老妇正对着我微笑，我将事情原委告诉了她，最后我叹了一口气："但阿尔曼先生二话没说就拒绝了我的要求。"

"让我看看那篇《购物指南》，"她接过我手上那份报纸，仔细阅读了一遍，看完后，她从椅子上站了起来，对着柜台那边，中气十足地喊了一声："卢宾，过来一下！"原来她就是阿尔曼太太！

她要阿尔曼先生在我的专栏上刊登广告，他听了脸上立刻换上了笑容，接着阿尔曼太太跟我要了先前拒绝我的广告客户电话，然后一家一家打去交代，她告诉我只管去跟他们拿广告文案，其他的都不用担心，出门前，她给了我一个鼓励的拥抱。

阿尔曼夫妇后来不但成为我们忠实的广告客户，同时也是好朋友。我后来才知道，阿尔曼先生其实十分古道热肠，只要有人上门拉广告，他皆来者不拒。阿尔曼太太不希望他滥买广告，所以后来他才对谁都摇头。当时我如果消息灵通的话，就应该先找阿尔曼太太商量，小吧台旁的那番谈话改变了我后来的境况：我的广告事业越做越大，后来扩大到 4 家分公司，雇有员工 285 人，负责的广告文案多达 4 000 件。

前一阵子阿尔曼先生装修店面，撤走了那个小吧台。我丈夫把吧台买来，摆在我的办公室里。每当有客人光临，我总爱请他们到小吧台旁坐坐，招待他们喝杯可乐，然后提醒他们千万别放弃，援手可能就在我们身边。

接着我会告诉他们，如果和别人沟通上有困难，可以多去探听些消息，试着换一种方式，或是通过合适的第三者帮你传达想法。最后我会送上一句玛瑞亚饭店创始人比尔·玛瑞亚的金玉良言：

我永不遭遇失败，因为我所碰到的都是暂时的挫折。

你能想通任何事

哈罗·安德鲁是一位令我难以忘怀的朋友，他是纽约州席拉古斯市人，一位具有杰出能力的商人。他极睿智，有非常敏锐而精密的头脑，他对人的认识也很精确，而且是凭直觉。在我年轻的时候，如果我有了问题需要建议，我知道到他那里去，准能找到一些具有洞察力的答案，而这些答案也确实有用。他受的正式教育虽有限，但是他在体验生活的过程中却没有遗漏什么。有一次，我亲耳听到一位大学教授为他从来没有上过大学而祝贺他。"我怕我们的教育会把你那惊人的天生睿智给'教育'掉了，把你塑造得像我们的标准毕业生一样。"他微笑着强调地说这些话，而他所说的可能并不是个玩笑。不论怎么说，哈罗·安德鲁有处理问题所必需的本领。

有一次，我有个使我非常困惑

的问题，于是去请教他。他显示出他处理问题的本事来，他仔细倾听我诉说的情况，他那敏锐的头脑集中心智分析我所说的资料，马上抓住问题的本质，并且提出问题。而这些问题正显出他的精于解决问题——"一、你有没有彻底、仔细地研究过有关的所有因素？你是不是觉得已经完全认识清楚了？"在这方面他又提出些试探性的问题，来测验我是不是了解我们据以解决问题的资料。"二、你是不是按照应该有的情形把资料组织得清楚而精确？"他问。然后他又说："我们来把资料再重新组合一下。"

然后他采用了一种奇特的程序，他绕着桌子走，两手做着好像是把东西堆集在一起的动作，好像要把问题的各个部分都合拢在一起。然后他用长而粗糙的食指来刺探那块堆积在一起的问题。

最后他说："你过来。每一个问题都有弱点。你所要做的是继续找到这个弱点。在这个问题上我已经找到它的弱点了。"然后他以"手指来破解"问题，正像狗用牙齿来咬开骨头一样，直到他把问题破解成碎片，不过这些碎片却呈现出层次。他找到了解决方案，而且事后证明那确实是个很好的方案。

"小家伙，问题来了的时候，你只要运用你的头脑就行了。"他训勉我，"你要研究问题，直到你完全认识清楚，然后找出关键，把问题破解开，其余的一切就很容易了。"

托马斯·爱迪生说我们需要身体的唯一理由是要用身体托着我们的头脑。头脑主宰一切，这或许就是为什么脑子是放在身体最上端的脑壳中的道理吧。爱迪生所说的当然是指所有的事情——我们日常的生活、我们的成功、我们的幸福、我们的未来——都是在头脑中做的决定，都是头脑功能的运作。在头脑里我们记忆，在头脑里我们了解、梦想、思考。只有具备思考能力的头脑才是人的真正精华所在。

不过，在问题到来的时候，我们通常的反应都偏向情绪方面，而不是动脑思考。在这种情形下，由于头脑不是在冷静和逻辑的控制下，因此就发出情绪刺激到神经，再传达到肚腹之中，于是人在惊慌反应下就感到不舒适。"为什么落在我头上？"他心里大声喊，"为什么叫我面对这种情况？我不知道找谁来帮忙。"

答案当然是你那健全的、聪明的头脑来帮忙——思考。思考就可以解决问题了。你的问题的答案都在你的头脑中，但是由于你强烈的情绪反应，甚至于惊慌，这些答案都被遮盖了。有一点可以确定的是：头脑激动的时候，是不可能发挥出创造性功能的。只有在冷静时——绝对地冷静——头脑才会发挥出实事求是的、合理的、有智慧的洞察力，而这洞察力必能产生解决问题的方案。

解决问题的步骤一直在我们的潜意识中运转着，只是它深埋在意识之下。在正常的状况下，潜意识中的思考一直要上升到表面的意识层面来。请记住，你的头脑一直要帮助你，如果你让它发挥功能，它就会帮助你。但是惊慌、歇斯底里，甚至于不怎么太强的情绪，都会使头脑处于混乱状态，使得头脑的伟大洞察力不能从意识的最下层上升到表面来。

先把问题冷一冷

今日青年所用的相当惊人的语言中有一句话非常睿智而机妙，应该成为不朽名句。如果大家广泛遵行，每一个人，每一个国家，都会获益匪浅。这句话就是——冷一冷。在棘手的问题闯入你的生活中时，虽然你可能变得紧张急躁，但是你要实践这句话，在心智上应尽量保持冷静，然后对自己说："好吧，这是个问题，我来检视它一下，并且

仔细研究它的形成因素。我镇静地来想一下它的含义。我要思考，真正地思考，而且只能思考。无论如何我的反应不可以情绪化。"

你用这种态度对待问题的时候，你的头脑就会立刻进入行动状态。所有你的心智，还有你的精神力量都会发挥出来。你的心智就会掌握住问题，而实际上差不多就等于从问题本身"握"出办法来。你固然要运用冷静的、合理的思考，但是我还要建议你运用祈祷。祈祷不是思维的转换是什么呢？祈祷是一条通讯频道，沿着这条频道就会传来洞察力、直觉力以及新的认知。只要用一份心智——你自己的——来处理一个问题，你就可以上路了。此外还有什么呢？

记住：你认为你行，你就行。因为处理任何问题所需的一切办法都在于你自己，你的心智和其他能力。冷静的反应可以打开通讯频道，沿着这条频道，办法就会自然地涌现。

亨利·福特一世是美国近代史中一位总能想出办法的伟大天才，也是汽车工业的奠基者之一。在"读者文摘50周年宝库"之中，格瑞特写的一本传记里，说福特先生是一位思想家。书上说："有一次我请教福特先生，办法源自什么地方。

在他面前的桌上有一只像碟子一样的东西，他把它翻过来，用手指敲着那东西的底部，说：'你知道大气压力击在这上面。你固然看不到，也感觉不到，但是你知道这种情形确实存在。办法也是这样。空气中充满着办法，它们敲击我的头。你只要知道你要什么，然后你不要管它，去办你的事好了，你要的办法就会突然冒出来。它早就在那里。'"

"有一天，我就看到了这种情形。午餐的时候，福特先生正和我，以及负责公司内无线电广播的威廉·凯麦隆讲话的时候，他那高大的身体突然挺直了起来，他那原本开朗的面孔变得像梦游者的表情一样，而且不知道是对谁讲话似地自言自语说：'哦，我根本没有真正地去想这件事情。'"

"他没有再说话就站起来快步走开。他一直想要的办法突然冒了出来，而他要去根据这个办法采取一些行动。凯麦隆说：'他常常这样。一个星期内我们可能见不到他了。'"

亨利·福特虽然是个热情的人，但他也是一部冷静思考的机器。在底特律有一个说法，说福特夫妇真是一对少见的好伙伴——他是思想者，她是信仰者。多么了不起的组合——思想和信仰。只要你能够冷一冷，冷一冷，并且思考，再思考，

你就无往不利。

小小的信心就会创造奇迹

在解决问题的时候，最重要的就是要明白"解困能力是与生俱来的"。其次，得拟出一个计划，加以实行。很多人就是因为精神和情绪上没有计划而无法应付问题。

一位商务经理告诉我，他很重视"人脑的应急能力"。他的理论是，人有许多潜在的能力，到了紧急情况下也许能发挥出来。在日常生活的言行中，这些紧急能力是潜伏不现的，但是有工作热忱的人不容许这些力量潜伏不用，他们把它运用在日常生活中。这足以说明有些人的表现为什么总比别人强。他们懂得使用别人在紧急时刻才重视的潜力。

困难的情况发生了，你知道如何应付吗？你有没有清楚的计划可解决特别难的问题呢？多数人采用因循苟且的方法，他们往往达不到目标。我强调你该按计划使用潜力应付问题，真是一点也不过分。

我读《圣经》多年，才明白《圣经》是要告诉我，只要我有信心——真正有信心——我就能克服一切困难，面对任何困境，不被挫败打垮，并解决人生一切麻烦的问

题。一定有很多从未领悟信仰人生观的人正在阅读本书。我希望你们即刻醒悟，因为信仰是人生最有力的真理之一。你要记住，小小的信心就会制造奇迹。《圣经》一再强调："你们若有像芥菜种子一般的信心……没有一件事不可能。"《圣经》里的每一字每一句都是百分之百真心的。这不是幻觉，不是妄想，不是举例，不是象征，不是比喻，是绝对的事实——只要你肯相信并去实行。"即或小如芥菜种的信心"也能解决你所有的问题。"照着你们的信念给你们成全了吧"，你所得的结果要看你拥有及运用的信仰量而定。小信念带来小结果，中信念带来中结果，大信念带来大结果。不过，上帝是宽大为怀的，你只要有小如芥菜种般的信念，这股信心也会给你带来令你惊喜的结果。

那些成功的人以一种简单却实用的方法，每次都得到很愉快、很成功的结果。这些人和你没什么差别，他们也跟你一样，碰到相同的困难，他们找到了正确答案。你也可以。

现在我要给你7个简单的建议，作为解决问题的方针：

1. 相信每一个问题都有答案。

2. 保持冷静。紧张会阻挡思想力的流泉。

3. 别死想答案。先放松心灵，答案自会出现，而且清清楚楚。

4. 公正、公平、无私地把一切事实组合起来。

5. 把事实列在纸上。思想才容易明确，各项因素才能构成系统。一面想一面看，问题会变得客观多了。

6. 信赖见解及直觉的功能。

7. 诚心遵守这些步骤，那么你心中就会想出或掠过正确的解答。

无论怎样，世界上的每一个问题都有答案。保持冷静，紧张会阻挡思想力的流泉，脑子在压力之下不可能发挥功用。轻轻松松地面对问题吧。

积极思考的力量

积极思想的基本原则是，你能使你的大脑创造成功的先决条件。实际上，从你现在的思考模式，便能预测将来成功与否。

现在，我们须对所说的"成功"一词加以界定。当然，我们并不仅指纯粹的成果，而是指比这更难做到的功业，即如何使你的生活变得更有意义，更有效率。它指的是：作为一个人，你成功了；面对困难，你能自我控制，有条不紊，不成为难题的一部分，而是能提出解决之道。我们为自己定下的目标是：过成功的生活，成为有创造力的人。

我的朋友佛瑞迪的事，可以用来说明用合理的思考处理问题，最终成功的情形，而他只有16岁。在暑假将至的时候，佛瑞迪对他爸爸说："爸爸，我不要整个夏天都向你伸手要钱，我要找个工作。"

父亲从震惊中恢复过来之后对佛瑞迪说："好啊，佛瑞迪，我会想办法给你找个工作，但是恐怕不容易。现在正是人浮于事的时候。"

"你没有弄清我的意思，我并不是要你给我找个工作，我要自己去找。还有，请不要那么消极，虽然现在人浮于事，我还是可以找个工作。有些人总是可以找到工作的。"

"哪些人？"父亲带着疑问。

"那些会动脑筋思考的人。"儿子回答说，"所有你要做的就是动脑筋——真正用心思考，不要气馁或消极，只要动脑筋，积极地思考。"

我认为他真是个了不起的少年。

佛瑞迪在广告棚上仔细寻找，找到一个适合他专长的工作，广告中说找工作的人要在第二天早上8点钟到达42号街一个地方。但佛瑞迪并没有等到8点钟，而在7点45分就到了那儿。他看到20个男孩排在那里，准备抢先去求见，他是队伍中的第21名。

佛瑞迪审视了他的竞争对手，心中承认他们都是讨人喜欢的男孩。"如果我是老板，"他对自己说，"我愿意雇佣他们中的任何一个。"但是他不想让他们中的任何一个人得到这个工作，他要自己得到这个工作。他自己也是一名竞争者，但是他要怎样才能引起特别注意而竞争成功？

这是他的问题，他应该怎样来处理这个问题？根据佛瑞迪所说，只有一件事可做——那就是动脑筋思考，因此他进入了那最痛苦也最令人快乐的程序——思考。在真正思考的时候，总是会想出办法来的，而佛瑞迪就想出了一个办法来。他拿出一张纸，在上面写了一些东西，然后折得整整齐齐，走向秘书小姐，恭敬地鞠躬说："小姐，请你马上把这张纸条转交给你的老板，这非常地重要。"

这个秘书是一名老手，如果佛瑞迪是个普通的男孩，她就可能会说："算了吧，小伙子，请你回到队伍上第二十一的位子上等吧。"但是他不是普通的男孩——她凭直觉断定，他散发出高级职员的一种气质。她把纸条收下了。

"好啊！"她说，"让我来看看这张纸条。"她看了后不禁微笑起来。她立刻站了起来，走进老板的办公室，把纸条放在老板的桌上。老板看了后也大声笑了起来，因为纸条上写着："先生，我排在队伍中第二十一位，在您没有看到我之前请不要做决定。"

他是不是得到了工作？他会不会处理他一生中所将遭遇的问题？他当然得到了工作，而且当然也会处理好他将遭遇的问题，因为他很早就学会了动脑筋。一个会动脑筋思考的人总能掌握住问题。他能够解决它，或者消除它，或者发展出一种办法模式，尝试着去做，去面对问题。

伟大的奥地利精神病学家弗洛伊德曾经说："人类主要的责任在于承受生活。"一眼看来，这句话似乎很有英雄气概，而实际上也确实如此，这并不是没有深奥的真理做基础。不过人生如果真的仅止于此的话，那也太凄凉悲哀了，因此我宁愿主张人类的主要责任在"主宰人生"。人生尽管有很多的痛苦和困难，但是只要我们祈祷、思考、工作、研究、信仰，我们就可以主宰人生。这是真正的实情——绝对地真实。

人类生活总是希望更上一层楼，比现在更富有、更伟大和更崇高，即使在人类目前最喜欢的事物上也是如此。我们也都希望自己变得更好，有更好的环境，比今天最快乐的人还要快乐。如果我们没有达到这个目标，我们没有信心达到这个目标，这是我们自己的过失，因为我们已经成为了恐惧感的奴隶。

你要相信问题总有答案，你要相信问题是可以克服的，你要相信问题可以处理、解决。而最重要的是，你要相信你可以解决问题。信心是一种了不起的力量。你发挥积极的信心去思考，它们就一定会带回来信心的结果。正如没有信心的想法会自弃成功一样，真正有信心的思考一定会导向成功。

一旦我们意识到，在我们体内有一些永不腐蚀、永不被破坏的东西——那时我们将不再害怕任何事情。这种意识将会消除我们所有的恐惧和懦弱，重新树立起我们的自信，并使我们以征服者的姿态大踏步向前迈进。

第四章　随时保持冷静

> 　　紧张、沮丧、苦闷、恐惧和焦虑的思想是成功与幸福的敌人。要随时保持冷静，要征服它们，要主宰自己，要做自己的主人。
>
> 　　请记住：你要生活得轻松，却又拼命强求，是不容易达到的。因此你必须学会培养沉静的功夫，而且从现在开始培养，练习并且继续练习。

　　大家都了解这样一个事实——我们生活在一个充满紧张气氛的世界里。不安因素环绕在我们身边，城市中各种机器音响造成了一片紧张。我们脸上或言谈中，随处呈现出紧张。紧张已经完全深入我们的生活中、工作中。

　　实际上，我们确实是受惊吓的一代，曾获"诺贝尔文学奖"的法国文豪加缪把20世纪叫做"恐惧的世纪"。有一首现代交响曲就叫"焦虑的时代"，其作曲也以焦虑为题，可见其影响之深。

现代人的困扰

　　用"无所不在的忧虑"这句话来描绘我们现在的情形，真是再恰当不过了。我们所感到的这种恐惧，与过去原始人听到剑齿虎的嚎叫声引起的恐惧大不一样。原始人因恐惧匆忙逃走，或者急中生智，在木棒前端绑上石头，将老虎打死。结果，除了有美味可食以外还能拿皮做外套。当然，这是面对恐惧最基本和最原始的行为，它促使我们采取行动保全性命。恐惧的作用不论在过去或现在都一样有效。我们因害怕漏气而检查轮胎，是忧虑所产生的一种良性作用。

　　但是，我们今天花时间和精力去担忧的不是这类恐惧。今天，困扰我们的往往是一种模糊不清、难以名状的焦虑。我们无法对这些忧虑进行反击，因为我们根本不知道自己在害怕什么，也许我们害怕的事情太多了，只反击其中一个也没有用。对我们来说恐惧并非来自一种具体的可以言明的威胁，如果果真是这样，我们还能够采取具体行动来对抗它。但事实上，它看不见也摸不着，像笼罩在我们头上的阴云，它给我们所做的每一件事都投下阴影。

过去的人通常只吃阿司匹林。现在有了力量更强，能使我们上瘾的药丸，这些药丸很容易变成我们的依靠，帮助我们一时之间逃避问题，或逃避克服问题所必需的奋斗。这些药丸也帮助我们暂时忘记这个世界。我们不停地吃药丸，希望这样问题会远去。我们之中很多人都这样做，没能够以冷静、敏锐的理智去面对问题，用创造性的态度来解决问题。

苏格拉底一旦发现自己将要发火时，他就会降低声音来控制怒气。如果你意识到自己处于情绪激动的情况下，那么一定要紧闭嘴巴，以免变得更加愤怒。许多人因为过分愤怒倒地而亡，突然的暴怒往往会引发一些突发的疾病。

乔治·赫伯特说："辩论的时候一定要冷静，因为情绪激动会使微小的失误变成错误，使真理变得无理。"

"那么，你是怎样避免和别人争吵呢？"一个朋友问道。

他回答说："啊，很简单，如果一个人对我生气，我就一言不发，让他跟自己吵去。"

紧张暴怒的原因

有人常喜欢说，这个年头到处充满了紧张，抱怨紧张的声音充斥于四周，如何能逃脱得了。我再重复一次，紧张存在于人的心中，就在你对待混乱、吵闹及难题的态度中。

到处有人在为他们的坏运气哀叹，抱怨他们从来没有真正地快乐过或成功过，而同时他们又总是用自己周期性的焦虑、急性子、不满、消极情绪来毒害自己，他们总是不停地贬低自己而不是肯定和赞扬自己，他们抱怨天气，抱怨时代的不公和生不逢时，抱怨自己没有好运的降临，抱怨自己遇到了失败和不幸，还抱怨自己频频受到各种疾病和麻烦的困扰。而在工作和生活中，他们总是玩忽职守，对事情又浅尝辄止，并用他们的闲言闲语、批评、吹毛求疵和居心不良去伤害他人。但他们从来没有意识到，他们这样做其实也是在伤害自己，在损耗着

自己的体质和精神状态。他们不理解，自己的这种思维模式是一种消极的、不具有建设性的思维。他们没有意识到，这样的做法和思想本身就是削弱他们的效能，并越来越远离成功、幸福和快乐。由于心理缺乏平衡，由于心理状态的不和谐，他们正从身上驱逐掉那些他们试图吸引的东西。

曾有人这样说过："对任何人而言，心理的失衡，就意味着无论他走到哪里，整个世界都一团喧嚣。"一个人的心理失衡，就意味着破坏性的东西充斥，意味着混乱的状态，意味着整个生活中充满了喧嚣和不安的气氛。

突然之间的暴怒就是最好的证明。几分钟之前，无法控制的愤怒会彻底改变一个人的形象和面部表情，甚至他的亲朋好友都认不出此时的他来了。他处于暂时性发狂状态。暴怒会使一张安宁、快乐的脸变成像一张魔鬼的脸。而暴怒对一个人的神经系统的打击更是容易耗尽一个人的全部活力，哪怕他是一个精力极其充沛的人。暴怒过后，他就像经历了长时间疾病的拖累一般，显得非常虚弱和疲惫。当一场心理上的暴风雨淹没了一个人的意志力时，它就破坏了这个人工作的效能、思考的能力和健康的心智。

几分钟之前，他还是站在那里的一个巨人，在经历了这场暴风雨之后，由于巨大的心理打击，他就成为了一个胆小无助的生物。正是这一件悲惨的事情、这一种可悲的个性，剥夺了他的力量和人格魅力。

人们没有意识到，突然间暴怒的过程是一种严重而迅速的心理爆炸。仅仅由于一个暗示、一个想法、一种微不足道的侮辱、打击或中伤，以及其他严重的伤害，许多人立即会陷入到一种无法控制的狂躁之中。于是，在片刻之间，如果可能他几乎会把自己全部的生命力量都投入到这件可怕的事情中去。在这样一个人类大脑发生了化学爆炸的例子中，他已经不再是一个人了，而只是一头凶猛的野兽，因为他没有控制住自己，他成为了狂躁的奴隶而不是自己的主人。

愤怒、猜疑、报复、憎恨、嫉妒和所有诸如此类的情绪，会削弱一个人的生命力，并使他的一生都处于某种恐惧的状态之中。许多人之所以选择自杀，就是因为多年来他们沉陷于经常性的暴怒情绪之中不能自拔，使他们自己的生活变得令人难以忍受。而这些人一开始不过是轻微的焦虑感的受害者。

一个不能控制自己的人，是自己情感的奴隶。如果一个人的精神活动和情绪不受他意愿力量的控制，他就是一个懦夫，并且紧要关头到来时总是会表现出懦弱的样子。

如果一个人是自己真正的主人，而他思想的力量也受到了正确的指导，他就不会仅仅为了把猜疑和嫉妒从头脑中赶跑，为了控制自己的脾气，或为了把自己从沮丧或绝望的情绪中解救出来，就会有意无意地采取一些不理智的行为。对他来说，要驱逐这些敌人，要改变自己的情绪非常简单，只要调整一下心态就可以了，就好像只要轻轻按一下开关就可以了。

"心理平衡的实际价值和它的主要影响之一，"比利斯·卡曼说，"是为那些人创造心灵优势提供了机会。"这种"心灵优势"使得那些能自我控制、保持心理平衡的人，超越了那些心理不平衡、情绪易于失控的人，后者随时都处于阵阵热情或贪婪的狂风肆虐之下。而由于完全受自己脾性的控制，完全受个人情绪的支配，已经引起了一些最可怕的悲剧，也是导致生活中那些最悲惨失败的主要原因。

巴里的优游岁月

我们怎样才能把紧张抛到我们的生活之外呢？这确实是一个问题。怎样有效地控制住紧张呢？如果一开始你认为可以做到，你就可以做到。

当然，我们可以前往在那碧蓝爪哇海中著名的巴里岛。我之所以提到巴里岛，是因为我不久前曾去过那儿。它使我印象深刻，因为在这个动乱不安的地球上，它是最和平、最不紧张的地方。

多么美好的地方！柔软的白色沙滩，珊瑚围起的蓝色礁湖，高而优雅的棕榈树。在那种和平宁静的环境里，紧张情绪自然地消失而去。

我想那时我要好好休假 6 个月（我希望），而把大部分时间花在巴里岛上，因为巴里岛虽然也曾经历过问题，但是在我看来，它是我在这个地球上所能找到的最快乐的地方。巴里人似乎快乐而轻松。我曾经探询其中的原因，一般来说，找出了 5 个：1. "我们什么都没有。" 2. "我们的生活很简单。" 3. "我们之间只有喜爱。" 4. "我们有足够的东西吃。" 5. "我们住在一个美丽的岛上。"情形必定是这样的，因为如果我们走过那柔美的、温和的夜晚，我们将会听到快乐的、柔和的欢笑声飘浮在空气之中。

岛上的主要娱乐是民歌形式的舞蹈，村民集体参加，他们在村内庙宇的广场上跳舞。9 点钟的时候，一切都停止了，不久这个像神话中的岛屿就隐入了安睡中，只有自古即存的海轻击着珊瑚礁，散为白色浪花，月亮以她的光华把夜照成银色。

这是我所见的少数未受"文明"污染的地方之一。那里有一家豪华的旅馆，但是巴里终究不是迈阿密海滩，而且差别很大。那真是地球上的一处天堂，紧张还没有侵入。

但是由于我们不能都迁居到巴里去（如果我们真的都迁居到那里，巴里可能就要遭殃了，因为我们会把我们的紧张带到那里去，把那里弄得像纽约或洛杉矶等地方一样），因此我们必须找出办法来，使我们能够不紧张地生活在我们现在所在的地方。而首先让我们来提醒自己：我们认为我们行，认为我们能够，我们就能够在不紧张的情况下生活在我们现在所在的地方。

控制自己的情绪

在这个世界里，多数人只是按部就班地过日子，生活平淡，从事着卑微的职业。究其原因，很重要一点竟然是脾气暴躁，无法得到别人的认可和赏识。生活中，我们确实也常见到那些不能控制自己脾气的人，他们总是使人难堪、窘迫、尴尬，甚至伤害了别人的自尊心、自信心。这样一来，自己经年累月的奋斗和积累会因性格的恶劣而毁于一旦。即使是身处高位，也可能在一夜之间失去一切。

在被困于斯特拉松期间，查理十二正在给自己的秘书口述一封信的内容。这时，一枚炸弹把房顶炸开一个洞，正好落在国王的房间里。看到这种景象，秘书吓得全身发抖，手中的笔也掉到了地上。"怎么了？"国王镇静地问。"陛下，炸弹！"

国王回答说："炸弹和我们信的内容有什么关系呢？继续写。"

不论怎么样，你不必紧张。我这样说是因为我曾经遇见一些人，他们都能生活在高度紧张的状况中而不紧张。他们的经验显示如果你认为你能够，你就能够消除紧张。

一天，我到白宫椭圆形的办公室里去见美国总统，白宫外面有人示威。他们举着实在是不敢恭维的各式各样的牌子，吼叫着各式各样的下流话，他们还带来了棺材，说总统是一个谋杀人的凶手。在白宫最里面的椭圆形办公室中仍然可以隐约地听到这些声音。我坐在那里观察着总统，当时是下午4点半钟，他已经处理了一天的繁杂的国际事务。我注视他的手，从一个人的手可以看出很多事。他的手一点儿也看不出有任何的动作，他的双手非常平静，他说话的声音也很低沉和缓，他的举止很轻松。对于这些情况，我十分感兴趣，因此我就请教他："总统先生，世界上有那么多问题，而你的办公室外面还有人示威吵闹，你怎么能够如此平静？"

"哦，因为我很平静。"他回答说。

"但是你如何保持不紧张？"我问。

"啊，"他说，"他们有权利在那里游行和喊叫，说任何他们想要说的话，这是自由国家，他们是美国公民。我只是做我认为是对的事。如果你也是做你认为是对的事情，你就没有必要紧张了。"

我在同一个办公室里遇见了杜鲁门总统。我一直喜欢杜鲁门先生，因为他是个自自然然的人，尽管位高权重身为总统，他也从来不把自己看得了不起，他只是尽他所知尽他所能地去工作，而他也确实做得不错。我到他办公室的那天，正好美国国内和全世界发生着许多麻烦的事，从新闻报道中我得到的印象，好像是世界文明就要完结了。

现在大家好像总认为文明就要完结了，于是大家都紧张起来。奇怪的是，文明又似乎永远不会完结。

"总统先生，"我问，"你从来就不紧张吗？你似乎总是非常平静。"

"为什么不平静呢？"杜鲁门总统回答说，"我不是历史上的英雄人物。我被选上担任这个职务，我打算尽力而为。我每天早上来到这个办公室，待很长的时间，尽我最大的能力做必须要做的事情。当你尽你最大能力做事，你就会把事情做得不能再好了。因此我在晚上上床的时候，我就开始检讨一下自己，我对自己说：'我今天已经尽力而为了。'然后我就睡觉。当然，"他微笑了一下说，"通过了自己那一关以后，选民仍然会责怪我，这种情绪我是知道的。"因此杜鲁门总统认为你也不必紧张。

在前后两次分别晋见两位总统之后，我走出白宫时，对自己说："在这样经常不断的纷乱的冲击下，美国总统都可以不紧张，而发生在我身上的当然都是些比较小的事情，那我又何必紧张呢？"

现在，当你想要去控制、改变自己那暴躁的脾气、乖戾的性格时，也许有畏难的情绪，觉得是不可能的，似乎真是"江山易改，本性难移"。但仔细分析一下自己的性格，使之更清晰，好像能看得见摸得着，情况就会不一样了。如果你对构成自己性格的每个因素都能有效把握的话，自然就可以控制自己的情绪了。

每个人都应当积极进取、奋发有为，努力提升自己的生活品位，

第四章 随时保持冷静

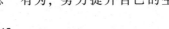

使自己从常人中脱颖而出，成为一个有价值的人。但是，如果他不能自律，不能有效地控制自己的情绪，成为自己命运的主人，他就做不到这一点。如果他不能自控，就根本别想管好别人，把握住局面。

如何担心得宜

沃特里德军事研究院在19世纪50年代，曾用8只恒河猴做过一个实验，这项实验堪称行为学研究的经典实验。他们把这8只猴子分成4组，每组2只。实验人员定期电击每组猴子，只不过其中1只猴子可以在灯亮时压下杠杆，避免自己遭到电击，另外1只猴子则没有机会避免电击。如此重复数星期之后，8只猴子当中的4只罹患严重的胃溃疡，后来这4只猴子甚至全部死亡，而其他4只则完全没有类似症状。你知道生病的是哪4只猴子吗？答案可能会让你吓一跳。罹患胃溃疡而死亡的，是那4只能够阻止自己被电击的猴子。

许多美国民众很早就罹患了一种让他们痛苦万分的疾病，这种疾病严重到让成千上万人宁愿结束自己的生命，也不寻求治疗——这种可怕的疾病就是忧虑。这种情绪每个人都有。

它是如何影响你的呢？

我自己倒是被它害得很惨。我这一生到目前为止，还没有任何一件事，像忧虑的情绪一样，曾对我造成那么大的伤害。我年轻的时候曾认为，我崇拜的人一定不会像我一样，一天到晚担心这，担心那。因此，我居然笨到认为，强人和成功的人不会忧虑，所以我也假装自己不会忧虑。我表现出毫不在乎的样子，就好像连火山口都敢去跳。我以前认为"担心"是负面的情绪，是失败者的专利，是失败的前兆。我真是头顽固的笨驴！这种观念，一点都没有给我带来启示，更没有给我带来任何转变。相反，我花了许多年，经历过许多痛苦的经验以及不必要的折磨后，才了解到自己错得多么离谱。

由于我主要的工作是编辑和到处演讲，我有很多很好的机会认识许多成功人士，也就是那些我过去认为最不可能像我一样忧虑的人。有好几百次，我注视着他们的眼睛，问他们从我年少时期就一直困扰我的问题："当你一个人在黑暗中，你有没有对自己说过：'万一他们发现我是这个样子，该怎么办？'"

结果是，我只要提出这个问题，对方都会成为我的朋友，而他们对这个问题的反应都是点头承认，仿佛我很了解他们似的。没错，我的确了解，也因为我了解，他们会信任我。我亲眼看过许多全世界最杰出的领袖，因为这个问题而解除武装，融化冷漠。这些杰出的领袖当中，不乏掌控全球性企业的大老板、素孚众望的神职人员、科学家、教育家、艺人、作家、艺术家以及运动员。

我发觉他们就跟我们其他人一样，就跟我一样！我以前（其实我现在在很多方面还是一样）到底是害怕别人可能会发现我的什么呢？

我曾做过总结，我认为每个人都会有的恐惧大体分为以下几种：

1. 怕自己不够好。

2. 怕自己很脆弱。

3. 怕被别人拒绝。

你呢？当你独自一人处理非常棘手的事时，你是否担心有人会发现你其实没那么好？发现你其实是可以欺负的？发现你其实孤立无援？如果是的话，你应该继续看下去。你的恐惧，我的恐惧，其实跟上百万普通人一样，因此我们并不孤单。事实的真相是，我们才是大多数人，我们才是正常人。事实上，恐惧本身没什么不好，只要你了解它，有的时候，它甚至可以救你一命呢。

但是，恐惧不是焦虑。焦虑又是另一回事，为了增强我们的自信，我们有必要弄清楚这两者的差异。

恐惧使我们的老祖先能够在险恶的环境中生存，他们没有时间东想西想，相反地，他们只有1或2分钟的时间，可以做一个攸关存亡的决定——"我们该上前搏斗还是转身逃跑？"肾上腺素分泌至血液中，增加他们的速度、能量及力气，如果受伤了，他们身上的动脉会同时收缩，以减缓血液流出的速度；他们的脉搏加快，身体僵硬。这种面对清楚且迫在眉睫的危险而引起的身体反应就是恐惧，也就是我们赖以拯救自身生命的恐惧。

今天我们所说的"恐惧"在许多时候其实是焦虑。焦虑不是对危险本身的反应，而是对"预期会来临的"危险的反应。我们住在洞穴里的老祖先担心自己会变成猛兽的早餐，他们所感受到的是"真正"的恐惧；而当我们担心有些事情可能会发生，譬如说，当我们说"我就知道我会失败"时，那就是焦虑。焦虑比真正的恐惧更让人痛苦。

你有没有注意过，焦虑的时候，你的身体有什么反应？脉搏加快，掌心流汗，喉咙又干又紧，仿佛你正和要抓你当早餐的毒蛇猛兽面对面似的！焦虑让人感到非常沮丧，但是你对那种感觉根本无计可施。你无处可逃，也无法反击，因为你想逃离或反击的东西根本不存在。

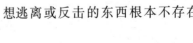

你只是痛苦地坐在那儿，深信危险会发生。

我年轻的时候不了解，不管是来自恐惧还是焦虑，担心其实都是一种活力的表现，如果引导得宜，对你我是有益的、健康的。再伟大的英雄、再成功的人都会担心，差别只在于他们做了些不同的事：他们正确地担心。

因此我们必须学习把用在恐惧和焦虑上的精力，引导到具有建设性的方向去，才能使忧虑对我们有益，换句话说，就是担心得宜。其步骤如下：

1. 弄清楚你在害怕什么。大部分时候，一旦我们开始分析，忧虑就消失了，因为当我们开始检视到底是什么事情在困扰我们时，我们的担心就变得无以为继了。

2. 采取行动。没有任何事情，比行动更能摧毁焦虑。一旦我们彻底地检视我们担心的事情，通常我们会发现我们可以采取什么样的行动。问问自己："为了替未来做准备，我该做些什么？"通常你会采取一些务实的努力，像是为了考试赶紧念书，而不是干着急。

从我们自己的生活经验，以及沃特里德军事研究院的恒河猴实验中，我们可以发现，焦虑能够让人身心感到不适，甚至死亡。另一方面，我们也知道，焦虑其实也是精力的真正来源，如果获得适当的引导，焦虑其实可以帮助我们活得更好。

学会放松自己

你真的大可不必紧张。如果你处于紧张状态，请打起精神，因为有一种治疗方法，对付紧张极为有效。你可以到药房去，买下店里所有的药丸——但是即使你把这些药丸全吞下去，我都怀疑它在治疗紧张上能不能像我的方法这样有效。我的药不是用嘴来吃的，而是用心来吃的。这个药就是："我留下平安给你们，我将我的平安赐给你们。我所赐的不像世人所赐的。你们心里不要忧愁，也不要胆怯。"自然世界可以偶尔引发宁静，去观看日落或水上月光，你会有一种平静的感觉。但是在日落或月光减退、消逝后，你又得回头面对你的问题，那种平静的感觉常常也就跟着失去了。世俗的宁静是会消失的，但是内心的宁静却能永存。它有着深入留存的特性。

有些人很幸运，可以完全不让压力上身，也不让压力击倒他们。几年前的某天晚上，我到西海岸去旅行，曾与电视红星露西和她的丈夫安纳兹进行了一场趣味谈话，所谈的话题便是与现代人有关的紧张情绪。他们刚刚在摄影棚中度过了紧张的一周，在那里为新影集忙碌。但是，当我在乡间别墅中遇见他们时，他们却显得非常祥和宁静，仿佛刚从外地度假归来。

"我刚读完你写的关于积极思想的书。"安纳兹忽然提起。他用那双明亮的褐色大眼睛盯着我，"你知道，其中有许多部分写得不错。"

露西笑着说："只是不错吗？"

"尤其是那一部分，就是你谈到关于紧张的那部分。"他继续说，"我特别喜欢这个部分，因为露西和我正是整天生活在紧张中。"

"你知道我读了那本书之后做了什么吗？"他说。积极思想给他带来一项惊人的结果。他把袖管拉上去，露出手臂，说："我把手表扔掉了。"

我感到有点惊讶。当我写积极思想时，从未料到会有如此结果。当我听了他说的话以后，才稍微放松心情。原来他所说的"把手表扔掉"，只是指扔掉几个小时而已。

上一个星期，他的行程安排得十分紧凑。早上8点5分，一定要做这个；11点40分必须做那个。电视广告必须顺利插播在节目中，时间必须准确得分秒不差。当然，有时会有延误，不得不重新调整计划，

因此，紧张气氛也越来越严重。

不过，工作一段时间之后，就可以有喘口气的机会。有时刚好在行程中出现一个空档，或是周末或是假日。这时候，如果是冬天，他们便会开车到他们在棕榈泉的别墅，如果是夏天，他们就到海边。这两处均是风景秀丽的地方。在这里，他们可以暂时把一切行程和约会抛在一旁。这样还不够，为了不受时间束缚，安纳兹把手表丢掉！

他一走进别墅，就把手表取下，丢在抽屉里，然后砰的一声把抽屉关好，"向紧张告个假"。

他故意丢掉手表，是要将时间忘掉。"我到沙滩去，躺在那儿，让身心完全放松。要是有人叫我吃饭，我就会告诉他们，我还不饿，还不是吃饭的时间。或是他们说，睡觉的时间到了，我就告诉他们，星星刚刚出来，月亮也才升起，等我想睡了，才是上床睡觉的时间。"

当然，假期结束后，他又从抽屉中把手表拿出来，再回到工作岗位。这时他充满活力，精力充沛，准备好了再度工作。

紧张情绪在现实生活中常会发生，因为我们没有人会知道下一秒钟将会发生什么事，生命往往因为这样才变得有趣。问题什么时候获得解答，探索什么时候有结果，紧

张就什么时候结束。

某种程度的紧张是必要的。正常的紧张可以让你保持奋发向上的状态并可以不断刺激你，让你在高效率之下创造性地工作。但是，如果我们能学会控制紧张，那未尝不是一件好事。我们要学会控制紧张，就像看电视一样，能开能关。这样才能运用紧张来为我们的目标服务。当紧张给我们形成高度的压力时，我们可以随时关上它。而当你需要轻松时，如果能从紧张之中释放出来，就可以将所有压力排除。

管住你自己

性格的力量包含两个方面——意志的力量和自制的力量。它的存在有两个要求——强烈的情感以及对自己情感坚定地掌握和控制。

某个政党有位刚刚崭露头角的候选人，被人引荐到一位资深的政界要人那里，希望这位政界要人能告诉他一些政治上取得成功的经验，以及如何获得选票。

但这位政界要人提出了一个条件，他说："你每次打断我说话，就得付 5 美元。"

候选人说："好的，没问题。"

"那什么时候开始？"政客问道。

"现在，马上可以开始。"

"很好。第一条是，对你听到的对自己的诋毁或者污蔑，一定不要感到愤怒。随时都要注意这一点。"

"噢，我能做到。不管人们说我什么，我都不会生气。我对别人的话毫不在意。"

"很好，这是我经验的第一条。但是，坦白地说，我是不愿意你这样一个不道德的流氓当选的……"

"先生，你怎么能……"

"请付 5 美元。"

"哦！啊！这只是一个教训，对不对？"

"哦，是的，这是一个教训。但是，实际上也是我的看法……"

"你怎么能这么说……"

"请付 5 美元。"

"哦！啊！"他气急败坏地说，"这又是一个教训。你的 10 美元赚得也太容易了。"

"没错，10 美元。你是否先付清钱，然后我们再继续谈？因为，谁都知道，你有不讲信用和喜欢赖账的'美名'……"

"你这个可恶的家伙！"

"请付 5 美元。"

"啊！又一个教训。噢，我最好试着控制自己的脾气。"

"好，我收回前面的话。当然，我的意思并不是这样，我认为你是一个值得尊敬的人物，因为考虑到你低贱的家庭出身，又有那样一个声名狼藉的父亲……"

"你才是个声名狼藉的恶棍!"

"请付5美元。"

这是这个年轻人学会自我克制的第一课，他为此付出了高昂的学费。

然后，那个政界要人说："现在，就不是5美元的问题了。你要记住，你每发一次火或者对自己所受的侮辱而生气时，至少会因此而失去一张选票。对你来说，选票可比银行的钞票值钱得多。"

对芸芸众生来说，没有什么比陷入突如其来的怒气当中更能造成灾难了。

习惯性的自我克制所带来的平静是多么美好啊! 它能使我们免除多少激烈的自我谴责啊! 一个人面临突如其来的挑衅，能够做到一言不发，表现出一种未受干扰的平静心态，当他这样做了以后，他一定不会感到后悔，而是认为自己做得完全正确，所以他的心灵会非常地安宁!

相反地，如果他当时发怒了，或者仅仅因为当时的愤怒，或者因为自己不小心说错了话，或者表现了内心深处的真实想法，从而使他显得有失风度，随后他必定会感到一种深深的羞耻感。神经紧张而易怒是一个人个性中最重大的缺陷之一，它往往是激化矛盾的催化剂，它往往会破坏一个人行为处世的原则，使他的个人生活变得一团糟。

向自己内心省察

仔细考虑你的心理态度、你的生活模式，你会不会害怕新的状况? 你是不是觉得自己差劲? 你会不会无缘无故地情绪低沉? 你能不能够享受生活中简单的快乐? 还是你总要弄些"令人兴奋的人"在身旁，再做些疯狂的事才觉得有生气? 你要更深入地向内省察自己。或许有些事是你想忘记却又不可能忘的。

一天，有一个觉得特别紧张的人到我的办公室来，拿起一根橡皮筋，然后把它拉开到不能再伸张了。"这就是我。"他说，"我紧张得就像这样。"

"橡皮筋只有一定的伸缩性。"我回答说，"它只能够承受那么多的压力。而你也是一样。你怎么会这样呢?"

"哦，现代的生活真是太复杂了。"他叹口气说。

"我知道，但是还有什么特别的事?"我刺探着说。

"我办公室里有个家伙，他破坏了我升级的好事。我不能忍受他，"他承认着说，"我讨厌他。"

"我太太也不了解我。"他再加一句。

"但是另一个女人了解你。"我随便猜着说。

"你怎么知道的?"他大为惊讶地问。

"只是随便猜猜。"我告诉他。

使我吃了一惊的是他突然哭了起来,并开始倾吐一切。"我真是一团糟,"他说,"我不能再这样下去了。我简直要发疯了。"

"你知道,你可以不必这样。"我回答说,"你现在可以立刻做两件事:不要再恨你办公室里的那个家伙,断绝和另一个女人的来往。你绷得这样紧张,你不知道如何放松你自己。你必须振作起来,不要让引你紧张的问题累积起来,一次解决一个问题。以平静的和客观的态度把事情弄清楚,并且给你太太一个了解你的机会。你还可以再做一件事情,"我最后说,"努力寻求精神的和平。"

他静默地坐了一会儿。我可以看出一种平静的感觉似乎来到他的身上。他拿起那根橡皮筋,让它软软地挂在手指上。真是难以相信,他竟然把那根软软的橡皮筋用镜框框起来,挂在他的办公室里,同时在橡皮筋下面还写了这几句话:"您必须保护他十分和平,因为他依靠您。"

控制紧张的另一个秘诀是认识造成紧张的各种原因。美国国家心理健康协会的史蒂文斯和米尔特在《紧张以及如何控制住紧张》一书中写着:"纯粹的紧张,就像是弓弦给拉满绷紧的感觉。它很少是单独存在的,这种感觉几乎总是整个情绪不安的一部分。你可以说:'我觉得紧张。'但是如果你细腻地进一步察看这种感觉,你就会发现自己真正要说的是:'我觉得不快乐、苦恼、悲哀、敏感、心神不定。'"不安的情绪和紧张有些相似。因此要真实地查出你的紧张,就应该了解各种不安情绪。紧张是情绪不安的重要征候。

不要太强求自己

另外一种证实有效的消除紧张的方法是"不要太逼迫自己",不要让任何人或任何事驱赶你。要采取一种向前进、有节奏,但不急迫的步调。要减少不耐烦的情绪,并且经常保持"轻松做事"的心理。

如果你制订了一个过高的目标并开始前进时,你在不久之后,就会开始感到忧虑、紧张。紧张是因为你过高要求自己,忧虑则是因为你自己无法保持自己确定的这种快速、竞争的步伐。于是,你开始出现某些人的通病。这些人在努力的过程中,找到了一些乐趣,但等到他们达到目的之后,却发现一切不像期待的那样。因为如果你的兴趣

仅仅是爬到顶层，那么一旦真的到了顶层，你会发现一切都是无所谓的奔忙，你最后得到的不过是失落。

康乃迪克州斯坦福市犹太教牧师山姆·席维尔，在读到纽约杨基球队棒球的明星隆·布隆贝的故事时，提出了"不要逼迫自己"的这个想法。这个想法似乎挽救了布隆贝的棒球生涯。

"由于一直留在候补队员中，他几乎没有在棒球界出人头地的机会，"席维尔牧师写着，"布隆贝说由于他非常气愤杨基队不把他列在正式球员中，他差不多就要放弃棒球了。他急着想表现自己非常地好，以致在候补队员中也表现得很差劲。

"后来呢？他回到了他的故乡亚特兰大市，和他的牧师哈瑞·艾皮斯坦做了一席谈话，'隆，'牧师说，'不要逼你自己。要平静，要轻松，不要这样不耐烦。'布隆贝接受了这个建议。他改变了步调，放松下来。结果呢？他被调为杨基队正式队员。他成为可怕的打击手，很可能成为犹太人全垒打王。"

能够不逼你自己，在治疗紧张上极为重要。你可以运用心智来培养，使自己在心理上以及身体上采取"轻松做事"的节奏。

在成为"不逼迫自己"的专家的同时，还可以参考一些有关人生和伟人的哲学思想。以我个人来说，我在哲学家兼诗人爱默生、古罗马哲学家马卡斯·奥里欧斯，以及其他对人性有睿智认识的人的文章中找到许多这样的哲学思想。我喜欢称这种办法为"获得宁静"，而且认为可以做到。马卡斯·奥里欧斯下面的这段话便是很好的指引：

第一个原则是保持精神不要混乱。第二个原则是要正面观看事物，直到彻底认识清楚。不要因为事情演变而扰乱激恼了你的精神，它们不会注意到你的烦恼。因生活中所发生的事情而惊愕简直是太滑稽可笑了。

还有爱默生精微的言论："保持平静，并且应该百年如一日。"

在香港我也学到了一句中国人古老的谚语，常常帮助我化解紧张，尤其是在面临危机，或突然发生变故让我紧张兴奋时。请仔细思考这句话——"处变不惊"。这也就是说不要让任何事激怒惹恼了你。把事情冷一冷，一定要把事情冷一冷，慢慢地、审慎地思考，再采取措施。反应太快常常会做出考虑欠周的行动。审慎可以有时间让情绪冷静下来，让理智的洞察力来主宰一切。

苏格兰哲学家克莱尔也给我们留下了不起的一句话："在沉默之中重大的事情会自己组合起来。"默想这一深奥的观点，也可以引导你了

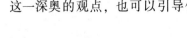

悟创造性静默的精义。

其实，在任何重大状况下，放轻松，不紧张，"泰山崩于前而色不变"的能力，需要长期而坚持才能培养成功。要达到专精的程度当然是不太容易，但是如果持之以恒则仍然是可以达到的。请不要以为看了本书或听个 10 堂课你就可以具备强有力的控制情绪的能力。情绪，尤其是在放任之后，通常是不容易纳入控制之下的。不过只要一个人发挥强烈的意志去做，并且努力不懈地培养，一定可以发展出任何他想要的思维模式。

培养沉静的功夫

我从一个故事中领悟到了一点点睿智的精华，而这个故事也说明了保持情绪的沉稳平静对人的一生是多么的重要。

作为一种特殊的职业，间谍必须表现出极强的自制能力。只要一刻不警惕、不小心，他们就可能因此送命。二战期间，盟军抓到一个被怀疑是为德国纳粹服务的人，他们怀疑他是他们找寻已久的暗藏的德国间谍。然而审讯几天都没有任何的结果，那个人否认自己是德国人。对他进行审讯的过程中，盟军军官一直注意他的语言，因为德国人说英语在一些词上发音较为独特，然而疑犯表现得天衣无缝，盟军甚至找来一些德国人与他用德语交谈，而疑犯的表情是茫然不知所措。最后，他们不得不下令放了他。当时的情形是：军官们把疑犯带进来，进行最后一次审讯，仍然没有突破。"好吧，"军官说道，"很遗憾，我们只有放了你。"但是请注意，军官用的是德语。

可是疑犯没有注意，他欣喜若狂地站了起来，向外走去，可是还未走到门口，他就缓过神来，但为时已晚。

如果疑犯不懂德语，他不该对军官的话有任何反应。

人在极度兴奋时往往忘形忘我，放松警惕，盟军正是利用这一点找出了疑犯的破绽。

没有什么比冷静更能体现一个人统领全局的品质。

做事冲动，毫不冷静的人，往往做不成大事，也得不到别人的信赖和敬佩。唯有那些有冷静的决心的人，才有十足的信心来控制局势，才能掌握主动权，为他人所信赖。

能够随时保持冷静、克制自己的人是健全而讲求理性的人，他不会让任何事激动或扰乱自己。他能在心智和情绪上完全控制住自己，他也能以不急迫的、有次序的步调前进，而且有始有终。

第五章　自信造就奇迹

自信的人能看到未来，能够洞悉全部人生之路。自信的人开启能力之门，能横扫阻挡在他眼前的一切障碍，信心是生命的使者，引导着因怀疑和罪孽而蒙蔽了双眼的人类找到光明。

如果你没有真正地发现自己，那你就要想办法发现，然后你就会喜欢自己，而且有着好的理由。

相信自己的再出发能力，然后努力，再努力。

有个小男孩头戴棒球帽，手拿球棒与棒球，全副武装地走到自家后院。"我是世上最伟大的打击手。"他满怀自信地说完后，便将球往空中一扔，然后用力挥棒，但却没打中。他毫不气馁，继续将球拾起，又往空中一扔，然后大喊一声："我是最厉害的打击手。"他再次挥棒，可惜仍是落空。他愣了半响，然后仔仔细细地将球棒与棒球检查了一番。之后他又试了第三次，这次他仍告诉自己："我是最杰出的打击手。"然而他这一次的尝试还是落了空。

"哇！"他突然跳了起来，"我真是世上第一流的投手。"

或许在我们的人生里有无数的困难、障碍，这些都是必然存在而不容忽视的阻力，但只要你拥有真正的自信，你就能够勇敢地、愉快地面对困难。与无限的潜能建立密切的关系，便能使你拥有更深刻、不动摇的、永恒的自信，而得以突破人生的转折点。

在此，对那些想获得自信的人来说，最高的指导原则，在于"天降大任于我，谁能阻挡呢"这句话。当你专心致志于上述的真理时，随着它们渗透你的心灵，你就能拥有自信而生活下去。

是鸡还是鹰

你有没有听过一只鹰自以为是鸡的寓言？

寓言说，一天，一个喜欢冒险的男孩爬到父亲养鸡场附近的一座山上去，发现了一个鹰巢。他从巢里拿了一只鹰蛋，带回养鸡场，把鹰蛋和鸡蛋混在一起，让一只母鸡来孵。孵出来的小鸡群里有一只小鹰。小鹰和小鸡一起长大，因而不知道自己是鹰，只把自己当成鸡。起初它很满足，过着和鸡一样的生活。

但是，当它逐渐长大的时候，它内心里就有一种奇特而不安的感觉。它不时地想："我一定不只是一只鸡！"只是它一直没有采取什么行动，直到有一天，一只了不起的老鹰翱翔在养鸡场的上空，小鹰感觉到自己的双翼有一股奇特的新力量，感觉胸腔里的心正猛烈地跳动着。它抬头看着老鹰的时候，一种想法出现在心中："我和老鹰一样。养鸡场不是我待的地方。我要飞上蓝天，栖息在山岩之上。"

它从来没有飞过，但是它的内心有着力量和天性。它展开了双翅，飞到一座矮山的顶上。极度兴奋之下，它再飞到更高的山顶上，最后冲上了蓝天，飞到了高山的顶峰。它发现了伟大的自己。

记着，没有人能够完全像你一样地活出你自己，但是你必须发现真正的自我，然后你将会知道你能。阅读了本书各章后，你将学会如果你认为你能，你就会发现潜伏的力量。因此，为了实现我们的预言，我们可不要做一只鸡，而要做我们内心里本有的鹰！这当然也会是令我们非常兴奋的事情。

当然会有人说："那不过是个很好的寓言而已。我既非鸡，也非鹰。我只是一个人，而且是平凡的人。因此，我从来没有期望过自己能做出什么了不起的事来。"或许这正是问题所在——你从来没有期望过自己能够做出什么了不起的事来。这是实情，而且这是严峻的事实，那就是我们只把自己定在我们自我期望的范围以内。

现在要拒绝相信世上有我们不能做的事情。世上最伟大的事都是由人做出来的，而他们事先并不知道自己能够做到。虽然他们事先不知道，但他们仍前进，并且做到了。善于发现自己，尽力活出你自己，学会认为你能发现自己潜伏的力量。

没有自信等于失去力量

那些相信他们能"移山"的人

定会成功，而那些相信自己不能的人却只能做到他们所相信的程度，这是因为信心激发了成功的原动力。

据说拿破仑亲自率军队作战时，同样一支军队的战斗力，便会增强一倍。原来，军队的战斗力在很大程度上基于兵士们对于统帅的敬仰和信心。如果统帅抱着怀疑、犹豫的作战态度，全军便要混乱。拿破仑的自信与坚强，使他统率的每个士兵都增加了战斗力。

一个人的成就，决不会超出他的自信所能达到的高度。如果拿破仑在率领军队越过阿尔卑斯山的时候，只是坐着说："这件事太困难了。"无疑，拿破仑的军队永远不会越过那座高山。所以，无论做什么事，坚定不移的自信是达到成功所必需的和最重要的因素。

坚强的自信，便是伟大成功的源泉。不论才干大小，天资高低，成功都取决于坚定的自信力。相信能做成的事，一定能够成功。反之，不相信能做成的事，那就决不会成功。

与许多在各种职业中失败过的人谈话后，你便能了解无数失败的理由和借口。比如他们会无意中说："老实说，我原来就不认为它会行得通。"或"我在开始前就感到不安了。"或"事实上，我对这件事情的失败并不觉得太惊奇。"

他们大多数采取"我暂且试试看，但我想不会有什么结果"的态度，最后导致了失败。

"不相信"是种消极的力量。当你心里不以为然或怀疑时，就会想出各种理由来支持你的不相信。怀疑、不相信、潜意识要失败的倾向，以及不是很想成功，都是失败的主要原因。

如果有坚强的自信，往往能使平凡的男男女女开创出惊人的事业来。胆怯和意志不坚定的人即使有出众的才干、优良的天赋、高尚的性格，也终难成就伟大的事业。

有一次，一个士兵骑马给拿破仑送信，由于马跑得速度太快，在到达目的地之前猛跌了一跤，那马就此一命呜呼。拿破仑接到了信后，立刻写了封回信，交给那个士兵，吩咐士兵骑拿破仑自己的马，快速把信送去。

那个士兵看到那匹强壮的骏马，身上装饰得华丽无比，便对拿破仑说："不，将军，我这样一个平庸的士兵，实在不配骑这匹华美强壮的骏马。"

拿破仑回答道："世上没有一样东西，是法兰西士兵所不配享有的。"

世界上到处都有像这个法国士

兵一样的人！他们以为自己的地位太低微，别人所有的种种幸福，是不属于他们的，以为他们是不配享有的，以为他们是不能与那些伟大人物相提并论的。这种自卑自贱的观念，往往成为不求上进、自甘堕落的主要原因。

一个人不可能完全没有主观判断，硬要个人抹杀自己的判断也不切实际。比较合理的做法应是：在感觉不顺或受挫的时候，赶紧调整自己当时的想法，再试着把它们摆在一旁。如果能做到这一点，就等于是往前跨了一大步。

如果我们去分析研究那些成就伟大事业的卓越人物的人格特质，那么就可以看出一个特点：这些卓越人物在开始做事之前，总是具有充分信任自己能力的坚强的自信心，深信所从事的事业必能成功。这样，在做事时他们就能付出全部的精力，破除一切艰难险阻，直到胜利。

造物主给予我们巨大的力量，鼓励我们去从事伟大的事业。而这种力量潜伏在我们的脑海里，使每个人都具有宏韬伟略，能够精神不灭、万古流芳。如果不能尽到对自己人生的职责，在最有力量、最可能成功的时候不把自己的本领尽量施展出来，那么对于世界也是一种损失。世界上的新事业层出不穷，正等待我们去创造。

自信会释放出无限的潜能

生活有如无限丰富而又深不可测的大海，你生活在这大海之中，你的潜意识对你的想法极为敏感。你的想法形成了模式、母体，而你潜意识的聪明、睿智、活力与精力，就通过这个模式、母体，呈现出来。如果你能够实际地应用你心智的定律，将会使你获得丰富以代替贫乏，智慧以代替迷信和无知，和平以代替痛苦，喜悦以代替哀伤，光明以代替黑暗，和谐以代替混乱，信心以代替畏惧，成功以代替失败的生命，并从平均定律的限制中获得自由。从精神心理、情感情绪和物质的观点来看，当然就再没有任何比这些更美好的东西了。

大多数伟大的科学家、艺术家、诗人、歌唱家、作家，以及发明家，都深深了解意识和潜意识的交互作用。

伟大的男高音歌唱家卡罗素，有一次感染上对舞台的恐惧症。由于强烈的恐惧，使他喉咙的肌肉紧缩，因而发不出声音。由于只有几分钟的时间就要登台了，他汗流满面，极为羞愧，甚至还因为恐惧和惊惶而全身颤抖。他说："我不能唱了，他们会讥笑我。"他大声地对后台的人说："我里面的小我要把大我勒死。"

他对小我说："滚开，大我要借着我的声音唱出来。"

他所说的大我，指的是他潜意识的无限力量和智慧。他开始吼叫着说："滚开，滚开，大我要唱歌了。"

他的潜意识开始产生反应，发挥出他内在的巨大能力，也就是自信到该他登台的时候，他走上舞台，唱出悦耳而和谐的歌声，迷住了所有的听众。

很明显，卡罗素很了解心智的两个层面——意识或理性，潜意识或无理性的层面。你的潜意识会按照你思想的性质产生反应。当你的意识（小我）充满了畏惧、烦恼和忧虑，你的潜意识（大我）里所产生的消极、否定的情绪，就会发散出来，以惊慌、恐惧和绝望的感觉淹没你的意识。如果有这种情况发生，你可以像卡罗素一样以坚定和权威的声音对你的潜意识说："你给我安静一下，不要啰唆。我掌管一切，你必须服从我，你要听我的指挥，你不可以闯入你的禁地来。"

当你看到自己如何以权威自信的态度，与你内在的自我同无理性的活动说话，为你的心智带来安静

及和平，你就会感到这是多么的有趣而迷人。潜意识是要听从意识的，这就是它为什么被称做潜意识，或出自内心意识的原因。

当你拥有了自信，当你的心智思想正确，当你了解真理，当纳入你潜意识中的思想是建议性、和谐且平和时，你潜意识神奇的力量就会有所反应，带来和谐的状况、愉悦的环境，以及最美好的事物，在你开始能掌握你的思想过程之后，你就可以把你潜意识的力量应用在任何问题或困难上，换句话说，你就可以真正有意识地和一切的无限力量，以及万能的定律互相配合。

抱着必胜的信念

决心获得成功的人都知道，进步是一点一滴不断地努力得来的。例如，房屋是由一砖一瓦堆砌而成的；足球比赛的最后胜利是由一分一分的积累而成的；商店的繁荣也是靠着一个一个的顾客消费促成的。所以每一个重大的成就都是由一系列的小成就累积成的。

你的欲望和思考，就是你所期待的事物的实体，也是看不到的东西的物证。你的欲望像你的手和心脏一样地实在，它存在于和心不一样的空间，而持有独自的形态和本

体。所以，请相信已经得到了，这样你必定可以真的得到。

任何人只要真正学会相信自己，他就能够克服他的困难。这样他就具备了成功的第一个秘诀。因此你要继续相信自己，要有信心。

每当我想到信心这个词，我就会想起锋士·隆巴第，他是美国运动史上一位伟大的橄榄球队教练。我跟他很熟识，他是个很了不起的人，他吸引着我，正如他能够激励起每一个球员和球迷一样。我是锋士·隆巴第长期的崇拜者，知道他是以强有力的驱策者而闻名，对球员非常严厉。在我见到他之前，我想象他为人一定是非常粗鲁。但是事实完全相反，相见之后我发现他非常和蔼、友善，而且很能与人相处。于是我把我对他的印象说给他的一名球员听，而这位球员咕哝着说："算了吧，你可不是他队里的球员。"

"我只要求一件事，"隆巴第告诉我，"就是赢得胜利。如果不把目标定在非赢不可，那比赛就没有意义了。不管是打球、工作、思想——一切的一切——都应该调整到赢得胜利上。"谈到做一名教练，他说："最重要的事是要塑造出男子汉，要胜利，而且为了非赢不可愿意舍弃一切。教练的工作是创造出

男子汉，让他们相信自己，相信球队，而且总是怀着信心。自信的人能够横扫阻挡在他前面的一切障碍。"

锋士·隆巴第相信运用献身的精神和坚实的信念，有助于创造出男子汉和杰出球员。"你要跟我工作，"他坚定地告诉他的球员，"你只可以想 3 件事——你自己、你的家庭和球队——按照这个次序。"

绿湾队守卫杰瑞·克兰姆写了一本书，名叫《即时重演：绿湾队杰瑞·克兰姆的日记》。他写下有一天隆巴第告诉后卫说："这是不顾一切的比赛。你要不顾一切拼命地向前冲。你不必理会任何事、任何人，接近得分线的时候，你更要不顾一切。没有东西可以挡住你，就是战车或一堵墙，或者是对方有 11 个人，都不能阻挡你，你要冲过得分线！"

这样看来，在隆巴第激励士气的领导下，绿湾队能够成为美国橄榄球史上最令人惊异的球队，也就没有什么好奇怪的了。这个故事，不也是你在工作中创造出一些成绩的途径吗？你不可以抱着犹豫的态度混过一生，你不可以犹豫地轻沾一下就算了。你要不顾一切地去干。你要尽全力出击，不能有所保留。你要决心赢得胜利，不能有所折扣。

你得相信自己，你要有信心。请记住——信心可以引出成果。信心有着有力的磁性。

我们只要认为我们能够做事，我们就可以真的变得了不起。凡是能学会实际地、非自大狂地相信自己，具有深厚而健全自信心的人，都是人类的珍宝，因为他们能够把他们的活力传送给缺少活力的人。

追求自信之路

我前面说过，信心是一种态度，是一种我们如何看待这个世界的信念系统。它像一个过滤我们所有生命经验的过滤器，一个我们在头脑中形成的过滤器。

恐惧也是一个过滤器。事实上，我们与生俱来的恐惧只有害怕掉落，以及听到很大的声音那种受惊吓的反应。慢慢地，我们才学会对其他事物的恐惧——这些恐惧里面很多是有用而且必要的，它们帮助我们在危险的处境下生存。举例来说，敬畏火是明智的，但是如果你怕火怕到不敢煮东西，那就不明智了。像马克·吐温观察到的一样，猫跳上热炉子被烫到后就不敢再跳上热炉子，即使炉子是冷的，它也不敢跳上去。为了有所成长，为了让我们更有自信，我们必须跳上马克·吐温的猫不敢跳的炉子。

其实你已经开始这么做了，你采取了"信任"的行动——你选修了"追求自信之路"这门课。留下来跟我在一起，由了解学习规则开始，跨出下一步。

有机体会不断对过去为他们带来满足感的刺激产生反应，即使这些反应后来没有为他带来满足，他还是会做出同样的反应。

一个构造简单的微生物如此，复杂的人类其实也是如此。几乎每一个心理系的新生都读过俄罗斯心理学家巴甫洛夫的条件反射实验。刚开始时他让铃声和食物一起出现，后来即使没有再让食物伴随铃声出现，狗听到铃声还是会流口水。

我们呢？

当我们碰到一些"成人的挑战"时，我们中可能很少人不会表现得像个孩子般，做出一些违背自己心意的举动，无论这些举动多么不恰当，我们还是会去做，这是我们从孩提时代就已经学会了的。当我很想要某样东西，又不敢冒险去拿时，我就会装作毫不在乎。我相信你一定也会如此做。当我们否认自己心中真正的欲望时，我们就像小孩一样大叫："反正我才不稀罕那个玩具呢！"

不可避免地，一旦我们逃避，

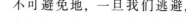

不愿意做选择，或试图避免冒任何的风险，画地自限时，我们会感到更加无助，更加依赖别人，更加脆弱，换句话说，更像小孩子。信心来自于行动，这一点是毋庸置疑的。当我们认为某项挑战对我们的生活而言十分重要时，我们会怎么做，不仅取决于我们过去学到了什么，更取决于我们是怎么学到的。

我们说过，我们是什么样的人，取决于我们的思维模式。这个世界是由我们每一个人对这世界的看法所组成的。一片空旷的原野，对甲来说是块毫无用处的不毛之地，但是对乙来说可能是块有待开发的土地。事实上，我们并非天生乐观或悲观，而是我们之中有些人学习去看危险的那一面，有些人学习去看有机会的那一面。你我都可以学习，学习更清楚地看这个世界。

通过想象塑造自己

几千年以前，古希伯莱的神秘学家曾说过："人就是自己心里想象的人物。"所谓"想象"，就是从潜意识的深处自然涌现出来的东西。想象力的机能表现在所有的想象上，并将那些想象投射在你头脑的"银幕"上。

你的潜意识支配着你。但是，人的根本机能就存在于这个想象力之上。请将你的想象力建设性地使用，并且想象充满爱和评价很好的东西。我们按照我们的形象，按着我们的样式造人。

请给予你自己的形象生命与信念。这样一来，那将会从你的经验中产生出来。这才是实现你自己心愿的秘诀。

凡是在心中认为自己会成功而不是失败，同时愿意加强研究、持久努力的人，一定会达到他的目标。这种心智上的前瞻极为重要，因为我们将成为什么样的人，和我们的"自我想象"有着密切的关系。

我们的想法是什么，我们对自己前景的看法是什么，以及我们把自己想象成什么样，都和我们将来会变成什么样的人有极大的关联。

每一个人都会有因为某一件事或某个故事而受到激励的经验，并且在他的脑海中留下持久的印象。几年以前我听到一个故事，一直留在我心中，这个故事同时证实了自我想象的力量和创造性期望原则的价值。

这是一位著名的空中飞人收了一群学生——都是有雄心要成为明星的青年——的故事。这一班人先学些比较简单的特技，后来到了每一个人都要到高空秋千上表演的时候，全班只有一个人通过了测验。但是这最后一名青年向上看着那高空秋千的标杆，立刻产生了一个否定自己的想象，而朝最坏的一面想：一失手就会坠到地上。他不能动弹了，这种想象阻挡了他，使他忘了怎样来运用他所学的技能。

在骇惧之下，他结巴着说："我不行，我办不到。我可以看到自己摔下去。我就是办不到。"

"如果我认为你不行，我就不会要你来做。你看，"他的教练说，"让我来告诉你怎么做。首先，你要使你的心超越过那秋千横杆，然后你的身体就会跟着过去。"他的意思是精神上——信心和成功的想象——超越困难，然后肉体就会自然地跟过去。这的确是一种非常睿智的指导。最后这名青年想开了，心智的想象也改变了，而他也顺利平安地通过了他的测验。

每一个人都会面临危难。预测有坏结果的人就会不敢前进，而不能适当地发挥他的能力。但是我们代之以想象的力量，想象我们的心智超越过障碍，我们就可以克服障碍。

我们不只是被高空秋千吓得不知所措。一个人做了几件小错事，或是弄出一个大错误，搞出一件傻事来，都可能使自己缺少信心，自责自谴。"我为什么做出这样的事来?"或"我为什么不那样做?"的态度，不但会减少，甚至于会破坏我们学习、弥补以及再度前进需要的自信心。因此，你绝对不可以因为一次错误就不再相信自己。如果你在心里让过去的事过去，不再沉溺其中，过去的事情就会过去。

桥下的水

多年以前，有个男孩俯身在一座桥的栏杆上，注视着桥下面河水的流动。一根树干、些许树枝、几块木片流过桥下，河面又平静了下来。永远是一样，或许已经过了一百年，或许是一千年，甚至是一万年，河水总是这么流过。有的时候水流得快些，有的时候水流得缓些，但是河水总是在流着。

那天注目桥下的河水，他有了发现。他不是发现了什么可以用手触摸到的物质的东西，他了悟的甚至于看不到——那是一种观念。虽然很突然，但是却很平静，他认识到自己生命中的每一样东西总会有一天像河水一样，消逝而远去。

这个男孩日后很喜欢"桥下的水"这几个字。此后他一生都受益于这次经验，使他能经历过各种不如意的事而重新站起来。虽然有些日子里境况非常黯淡艰苦，或者他犯了无法补救的错误，或者某样东西失而不可复得，他都会对自己说："那是桥下的水。"

从那以后，他不再因为犯了错误而过分忧愁，他更不会因为犯下错误而意志消沉，因为这些错误也都是"桥下的水"。

不管遇到什么困难，都要把它看做是桥下的水。

要再去努力尝试。要认识到一个伟大的真理，那就是没有一种失败是永远翻不了身的。你失败、犯了一种错误、做了一件蠢事，并不表示你缺少头脑或能力。这只是因为每一个人总会偶尔跌上一跤甚至于摔得很惨，这并不表示你有什么不行。你只要在心理上振作起来，说："好吧，事情已经发生了，但是现在也已经过去了。我不要再理会这件事，我要继续满怀信心，展望将来。"继续相信自己，要有信心。

重要的是认识自己。你发现了你自己，然后你才会开始相信自己。一旦出现了这种情形，那你隐藏起来的天赋潜能，就会发挥创造性的作用而改变你的一切。随着你的改变，你的一切自然会跟着改变。

自我能力发挥的觉悟是一种重要而且是必需的过程，经历了这个过程之后，你的心智就会发出一种

观念，这就是"你认为你行，你就行"。通过谦虚的自信而引发出自我能力的发挥，是人类能开创新纪元的关键。

自信的先决条件

在地球万物中，唯独人类能探索一个问题："为什么?"

虽然动物也能够传达信号，却不能使用语言和文字去界定它们的信息。

但是你不一样，你可以打个电话给地球彼端的医生，把紧急的病症形容给他听，然后你就可以从远在数千里之外的医生那里，获得立即而又有用的指导；你也可以从目录上订购台灯，且永远不会见到制造台灯的人以及把台灯送到你家的人；你可以在警察或消防队员赶到你家之前，就把你需要的协助详细告诉他们。

你获取以及利用文字的能力，是几十世纪以来人类获得的最珍贵的礼物。我们以洞穴为家的老祖先，其实比我们更需要语言和文字，因为比起其他生物，我们的老祖先在许多方面，生存的条件都很差。他们的藏身之所非常脆弱，使得他们时时暴露在被伤害的危险当中。

然而我们的老祖宗比其他动物

优越的一个因素是他们能说话，他们具有语言的互动能力。

像我们一样，他们可以彼此交谈；他们可以有组织地搜寻食物及居所，设计防卫体系；他们能够描述事物。语言让他们能够把知识传播给他人，并传给后代子孙；语言同时让人类可以不断地创新发明和改进所使用的器具；语言更可以让人类沟通表达各种情绪，包括爱与恨。根据已故的语言学先驱沃夫（Benjamin Lee Whorf）的观察，人类学习语言的能力具有 3 大功能：首先，这种能力让我们能够和其他人沟通；其次，让我们能够思考，亦即和我们自己沟通；第三，它让我们形成对人生的态度。

这项发现，对人类增强自信的努力非常有帮助，因为信心，就是一种态度。正如沃夫所发现到的，态度，是后天形成的。

每个人都希望获得成功，人可以通过保持自信而获得成功。如果成功是某种传播真相的方法，那么这个真相就是自己——自己真正的欲求、目标及梦想。真相是你可以做得比现在更好；真相是天下没有不劳而获的事情；真相是我们都需要别人的帮助；真相是成功不是一蹴而就的事情，你必须每天都付出努力。

成功的又一先决条件是诚实，诚实地推销商品；诚实地呈现自己；诚实地说出你的信仰；诚实地告诉别人你对他的看法。当你能信守承诺，并且言行一致时，成功自然会降临。所谓成功是建立在正直、而且令人信赖的生活态度上。

成功不是虚幻的想象，妄想和梦想是截然不同的两件事。真正的成功是运用有效的方法解决困难，是用实际的行动帮助他人，是真实地展现自己。

让我再多说一点有关妄想与梦想的不同。妄想是你希望并相信你的美梦会"自动"成真；梦想则是你愿意为自己的信念付出努力，完成梦想。

妄想只是空想，而梦想则需要能力、努力及责任。

一个基本原则是：真正的成功必须以自信为基础，植根于现实之上。而最重要的是你必须先坦白地面对自己，这正是诚实的真实内涵，也是一切事业成功的开端。

从最真实的自我出发，让你自然的本性在你想做的每一件事上展露出来，你将会成为一个成功的人。

信心是成功的原动力

有一次我到澳洲去，在国际扶

轮社大会中发表演说。我们夫妇接受了一对令人愉悦的夫妇（自那以后即成为好友）的晚宴款待。他们在澳州拥有一串分布全国的连锁商店。

他们家里布置得极为漂亮可爱，宽大的落地窗门打开来是一处平台，下去就到了海港，那里停泊着他们的私人小型游艇。我们的男女主人有着令人宾至如归的谦和。他们说他们之所以能拥有现在的境况，可以说只是因为遵循了一个简单的成功原则。男主人说："如果这个原则可以为我创造奇迹，当然一定也能为那些真正相信和照着这个原则去做的人创造出奇迹。"

第二天他到旅馆来看我。"我是非常平凡的一个人，"他说，"我曾换过一个工作接一个工作，每一个工作都做不好。因为我是真正地平庸，我对自己没有信心。后来，我在澳大利亚国家现金记录器公司找到一个工作，但是我仍然受到我那已经定型的、而且一再重复的失败模式的伤害。后来从美国公司来了一位充满活力的领袖，发表了一篇演讲。"

"他告诉我们通往成功的基本途径是积极的想法。我以前从没有听过这种说法。他把整个观念浓缩成一句话：'你认为你行，你就行。'

这一句话打进了我的心里，像一颗炸弹爆炸开来。他要我们在心里想象我们要成为什么样的人，并且相信我们的内心力量可以做到我们想要成为的人。那时我当场就决定要做个成功的人，并且从一个新的观点来看我自己。"

"作为训练计划的一部分，他到了美国，并且参观了纽约市的玛贝尔·卡耐基教堂。他在教堂的记事栏中看到了一种叫做'芥菜子记忆'的钥匙环，是个里面有一粒芥菜子的塑胶球。他要了一只（他从口袋里掏出来拿给我看），并且一直带在身上。我看到那只塑胶球表面已经有很多划痕，但是还可以清楚地看到里面的芥菜子。"

"我了解到'你们若有像一粒芥菜种子那样的信心，你们就没有一件不能做的事。'一旦我接受了这种芥菜子的看法，我就开始遵循这种积极的精神教诲。我的意思是说，我真正实行了这些教诲。而最奇妙的事情也开始发生在我身上！（这些最奇妙的事情之一是他晋升到澳洲国家现金记录器公司的总经理）"

"我开始为自己订出未来的目标，并相信我这个只具有次等头脑的人可以做到。后来我开始做生意，现在我们在澳州各地都有连锁店。我们把我们的生意增加了21倍。这都是因为我开始相信自己。而我以前从来没有做到这一点——如今我想我已经变成了一个再生的人。"

在听了他起初失败后来又一变而有惊人的成就的故事后，我说："博特，你从一开始就不是只有次等头脑的普通人，只不过你自己认为如此，那只是你对自己的想象。其实，你只不过是一直把你的第一等头脑深深埋在你的内心深处。

"在那位演讲的人把'你认为你行你就行'这句极具力量的话投给你的时候，你就有了一个全新而有动力的想法。然后你那具有同样冲击力的宗教信仰——这信仰你本来就具有而且可以遵照着去做——被引发了出来，而且付之于行动，把你改造成一个新人。"

请记着安祖·卡耐基的话："在你秘密的想象里告诉自己：'我天生是管理和解决事情的。'"

第六章　勇敢地面对现实

> 胜利的道路是迂回曲折的，像山间小径一样，走这条路的人需要耐力和毅力。累了就歇在路边的人是不会得到胜利的。
>
> ——尼克松

> 要培养出强大的、健康的信心。你的信仰、信心越大，你的畏惧就越少。经过周详的思考，妥善的准备之后，你可以相信自己，然后毫不畏惧地去做你该做的事。

一家医院所作的"恐惧调查"报告说，人内心深处的恐惧有 101 种，自旷野恐惧（对空旷地方的恐惧）到幽闭恐惧（对封闭空间的恐惧）、到惧高症，等等。不论你信不信，除了这几种之外，报告中还列有另外 98 种恐惧。因此，恐惧似乎是很大的问题。如果你要活得有用，做一个快乐的人，克服恐惧确实十分重要。

事实上，人生就是如此。我们难免会遇到无数挫折、困难和烦恼，但这并不意味着你注定要被打败。如果你秉持真诚的信念，勇敢地面对人生，定能突破重围，任何难题都将迎刃而解。这一点适用于各种场合。

一个积极乐观的人遇到困难时，他不会让自己沉溺其中，他会提升自己的心智，同时勇敢地面对，这样即使他面临恶劣的情形时，仍能追求最好最有利的结果，换句话说，在追求某种目标时，即使举步艰难，仍有所指望。一个积极思考的人，并不会拒绝承认困境、拒绝承认消极因素的存在，如果你不承认这一点，那你就像鸵鸟一样，只顾把头埋在沙堆里，不肯面对现实罢了。

不要让恐惧主宰你

这个世界不需要那些意志薄弱、

胆小如鼠的人，而需要走在任何地方都能征服一切的强者。那些能够战胜令弱者退缩的困难的强者，那些从不逃避困难而直面困难的人，才是这个世界真正需要的。那些成就平平的人往往是善于发现困难的天才，他们善于在每一项任务中都看到困难。他们莫名其妙地担心前进道路上的困难，这使他们勇气尽失。他们对于困难似乎有惊人的"预见"能力。一旦开始行动，他们就开始寻找困难，时时刻刻等待着困难的出现。当然，最终他们发现了困难，并且被困难击败。

人们常常说："你怕什么？"表示根本不必害怕。要做到这一点，首先要做到以信心来排除恐惧。当你有深厚的、真正的信心时，世界上就没有任何东西能比你的信心更有力量了。有了这种信心，就算最令人惊异的事都可能发生。信心不是缓和剂，它是治疗剂——对恐惧确实有药效的治疗剂。

有两大想法争夺对心智的控制力，这两大势力是：恐惧和信心。而信心的力量较大，而且还大得多。你要坚持信心这个更有力的想法，直到你确实相信它。因为这不只是成功和失败，更有可能是生和死的分野。你要永远记着——你不必为恐惧所主宰。信心的力量可以赶走

恐惧。很多过去被忧惧笼罩的人，他们的经验都可以证明这个事实，那就是信心最后能从他们的心中把恐惧消除掉。如果你认为你能够，并且强而有力地运用信心，你也可以战胜你的恐惧。

在你完全依托给信心之后，你所感觉到的解脱和欢乐就和一位伞兵所说的一样，他说："在我第一次要跳出飞机的时候，我全身各部分都抗拒不前。在跳出飞机之后，我和死亡之间只隔着一点绳子和一小片绸子。我不得不承认我非常害怕。但是在我发现那一小片绸子和一点绳子可以吊住我之后，我感觉到了一生中最奇妙的快乐。我有极其荣耀的感觉，认为我不再害怕任何事，从恐惧中解脱出来的欢乐充满了我的心。我真的不想落到地面，因为这过程太愉快了。"

只看到前进道路上困难的人有一个致命的弱点，那就是没有坚强的意志去驱除障碍。他没有下定决心去完成艰苦工作的意愿。他渴望成功，却不想付出代价。他习惯于随波逐流，浅尝辄止，贪图安逸，没有雄心壮志。

如果你足够强大，那么困难和障碍会显得微不足道；如果你很弱小，那么困难和障碍就显得难以克服。

恐惧侵扰我们，击败我们，是因为我们不愿意相信我们以为脆弱的东西——像一片绸子一样的信心。但就像这名伞兵一样，在拥有了信心之后，我们就会发现这种神秘不可思议的、看似不存在的因素确实能吊住我们，使我们不至于摔死。在你获得了这种令人兴奋的认识之后，你会比你所想象中的还要快乐，因为信心可以发挥出你想象不到的力量。

每种逆境都含有等量利益的种子

当一切似乎都是黯淡无光时，当你的问题看起来好似不可能有令人满意的解决途径时，你又该怎样做呢？

难道你能无所作为，听任困难压倒你吗？难道你就束手无策，逃之夭夭吗？

面对困难你能激励斗志，把不利条件转变为有利条件吗？你能确定你需要什么吗？当你认识到你所向往的目标能够并将要实现时，你能应用切实而清醒的思考并积极行动起来吗？

每种逆境都含有等量利益的种子。你想想：在过去有些事情似乎有巨大的困难或不幸的经历，它们

却鼓舞着你取得了成功和幸福。没有这些东西，你反而不会取得这种成功和幸福。这种情况难道不是真实的吗？

处在逆境时，有的人会为了想脱离逆境而奋斗，有的人却会因为无法克服逆境而堕落下去。当然，能成功的一定是前者，自暴自弃毁灭自己的则是后者。

人可说是环境的产物，人的性格也并非天生就如此，而是看出生以后的环境如何而决定。不管环境如何，始终认为自己一定能成功的人最后一定会成功。凡事应该认真奋斗，否则会被环境压垮而无法成功。当被环境压垮时，人的意志容易消沉。最重要的还是，越处于逆境越要有想挣脱出来的这种强烈意志才好。

真心可以通达心灵深处，同时可以和潜能连接，一旦和潜能连接，就可以传来非常伟大的力量，即使当初认为困难的事，有时也可以突破。

坚持到底，就会看到曙光的来临，这是一个真理。

获得巨大成功的人当中，具有强烈忍耐性格的人有很多。主要原因，在于他们都能够不厌其烦地努力，忍受一切打击和挫折。

夜晚就好比困难的状态。为了

脱离这些黑暗，虽然对它挑战了好多次，总是一次又一次地失败了。因此很多人都会因认为"现实是很严酷的"而灰心。其实大部分事情总会有办法处理的，不管什么事，总会视其努力的程度而产生相当的成果。因此，不管我们碰到什么样的困难，都不应该逃避，而要认真努力下去才对。

战斗越激烈，所得到的胜利就越伟大。磨炼越严酷，所得到的收获也越大。经历过越多痛苦的事，所得到的结果就越令人难以忘记，因此我们都需要忍耐到底、坚持到底。

成功并不是最美的，最美的是能在逆境中继续努力奋斗的精神。你必须信赖你自己精神的力量、能力、经验。如此一来，你的人生将能得到完全的改变。你要相信：在这个世界上没有落后者的存在。

以乐观的态度和目的处世，可使整个人生蜕变，可使全新的人生观脱颖而出，让你的前途充满希望。

人生就是要不怕困难与失败，才能成功，因为失败的经验越丰富，成功的几率越大。尤其是年轻人，应该把握黄金岁月，怀抱强烈的目标意识，果敢地前进，才能使生命之树欣欣向荣。

人生有昼、夜、明、暗、顺境和逆境，但不管如何，人不可能一生都走在明朗的阳光下，总有一天会走在黑暗之地。到昨天为止，还因荣盛自夸的人，明天也许就会在深渊中挣扎。相反地，今日在深渊中挣扎的人，有时会突然看到有明亮的光线射进来。

你必须记住：白昼过去必有黑夜相继，黑夜过去必有白昼来临。

永远不向困难屈服

如果在 46 岁的时候，你在一次很惨的机车意外事故中被烧得不成人形，4 年后又因一次坠机事故而使腰部以下全部瘫痪，你会怎么办？再后来，你能想象自己会变成百万富翁、受人爱戴的公共演说家、洋洋得意的新郎官及成功的企业家吗？你能想象自己去泛舟、玩跳伞、在政坛角逐一席之地吗？

米契尔全做到了，甚至更加厉害。在经历了两次可怕的意外事故后，他的脸因植皮手术而变成一块调色板，手指没有了，双腿细小，无法行动，只能瘫痪在轮椅上。

那次机车意外事故，把他身上 2/3 以上的皮肤都烧坏了，为此他动了 16 次手术。手术后，他无力拿起叉子，无法拨电话，也无法一个人上厕所，但以前曾任海军陆战队队员的米契尔不认为他被打败了。他说："我完全可以控制我自己的人生之船，那是我的浮沉，我可以选择把目前的状况看成倒退或是一个起点。"6个月之后，他又能开飞机了！

米契尔为自己在科罗拉多州买了一幢维多利亚式的房子，另外也买了房地产，一架飞机及一家酒吧，后来他和两个朋友合资开了一家公司，专门生产以木材为燃料的炉子，这家公司后来变成佛蒙特州第二大的私人公司。

机车意外事故发生后第4年，米契尔所开的飞机在起飞时又摔回跑道，把他背部12条脊椎骨压得粉碎，腰部以下永远瘫痪！"我不解的是为何这些事老是发生在我身上，我到底是造了什么孽？要遭到这样的报应？"

但米契尔仍不屈不挠，日夜努力使自己能达到最高限度的独立自主，他被选为科罗拉多州孤峰顶镇的镇长，以保护小镇的美景及环境，使之不因矿产的开采而遭破坏。米契尔后来也竞选国会议员，他用一句"不只是另一张小白脸"的口号，将自己难看的脸转化成一个有利的竞选招牌。

尽管面貌骇人、行动不便，米契尔却开始泛舟，他坠入爱河且完成终身大事，也拿到了公共行政硕

士文凭，并持续他的飞行活动、环保运动及公共演说。

米契尔屹立不动摇的正面态度使他得以在《今天看我秀》及《早安美国》节目中露脸，同时，《前进杂志》、《时代周刊》、《纽约时报》及其他出版物也有米契尔的人物特写。

米契尔说："我瘫痪之前可以做1万件事，现在我能做9 000件，我可以把注意力放在我无法再做的1 000件事上，或是把目光放在我还能做的9 000件事上，告诉大家说我的人生曾遭受两次重大的挫折，如果我能选择不把挫折拿来当成放弃的借口，那么，或许你们可以用一个新的角度，来看待一些一直让你裹足不前的经历。你可以退一步，想开一点，然后，你就有机会说：'或许那也没什么大不了的！'"

一个向困难屈服的人必定会一事无成。很多人不明白这一点，一个人的成就与他战胜困难的能力成正比。他战胜越多别人所不能战胜的困难，他取得的成就也就越大。

记住：重要的是你如何看待发生在你身上的事，而不是到底发生了什么事。

面对生命的挑战

当成就感令你快乐和满足时，

痛苦和失落就会远离你，你会发现，过去棘手的问题一下子变得简单起来。虽然还是会不断地遇到困难，但是你解决问题的能力已大大提高了。你可以做你自己、做你真正想做的事，也能更从容地面对未来。生命中不可避免的挑战将带给你机会，使你充满斗志。

你现在或许感受不到自己内在的力量，可是，个人成就的取得将使你展现自我的风采。内在的光芒将引领你冲破黑暗，迈向光明之路。你将会发现自己不再孤单，你会感受到世间的关爱，而这种感受是真切、温暖的。

没有冲突、失望与挫折的世界是不存在的。为了达致个人成就，你必须学会如何将负面的情绪转化成正面的力量，也必须由失败中学得经验。诚实面对自己是个持续学习的过程，其中包含人生的转变与生命的起伏。遭到失败时，你必须知道如何重新站起来。

即使是勇于面对自己、倾听自己心声的人，也逃不脱失败的阴影。失败、挫折和自我调整是人生重要的组成部分。

每个人所追求的人生目标不尽相同。对于某些人而言，追求个人成就的过程就好像坐过山车，他们非常喜欢这样的大起大落。另外一些人则希望在平稳与安定中达到时成功，但起伏和波折仍会令他们不时停下来。变化与转机伴随着人生的整个历程。

所以人不应该有漠然的心情，只要想在这个世上生存，就应该为了完成某种目标而努力才对。不得不完成的事，消极地对付不如积极地去行动，这样才能产生好结果。积极生活下去，也就是满怀希望地生活。拥有欲望，不断努力，同时不停地想象未来。这才可以引导你到达成功之路。

肾上腺素的信心

你要学习在生活中依赖极有力量的信心。因为信心是你的朋友，而不是你的敌人。

你要下定决心，永远不要让畏惧左右你。你要在心智上站起来面对畏惧，就是在我们平凡的生活中，也不要让畏惧来支配你。

这方面的例子很多，现在就让我来告诉你一位年轻母亲的故事。她对水有极大的恐惧，从来就没学会过游泳，她会尽量远离有水的地方。这并不太容易做到，因为她家就住在一条又深又急的溪流边。

现在让她来说她自己的故事。取自海伦·米勒所写的《我为我的孩子与河流战斗》，登载在 1961 年 8 月《标杆》杂志里面。

那天是晴天，我的 3 个还没有上学的孩子在后院玩，从厨房的窗子可以看到他们。

3 岁的玛珍走了进来。"妈咪，我全身都是泥巴。"我让她把深棕色的衣服脱下，换上一套浅桔色的。我只能用一只手帮忙，因为上个月的车祸使我的右手还绑着绷带，毫无用处地悬在我的身旁。

在玛珍又出去玩荡秋千的时候，丈夫在我面颊上亲了一下，好像说了一句"我去店里买点东西，一会儿就回来"。门铃响了，来了一个朋友，我们在走廊上谈了几分钟话，然后他走了，我就去看看孩子。

只有 5 岁的本尼西亚和 4 岁的李在院子里。"玛珍到哪里去了？"我问。

"她要去抓一只小鸭子，妈咪。"本尼西亚指向溪流。

溪流！溪岸上空无一人。我一下就冲到溪边，溪水快要漫出来了，中央翻滚着奔腾的激流，向下游不远处的瀑布奔去。我安心地换口气，还好她不在河里。但是等一下！远方阴暗的岸边有一点鲜亮的颜色是什么？那一刻，我的心已经离开了我的身体，整个人没有重量，没有感觉，没有时间和距离的意识……

只有盲目的、无理性的、令人窒息的恐惧。

在危险湍流中的一点鲜艳桔色正是我的小宝贝。

我得找人帮忙，我拼命地跑、跑、跑。距街道有几十米远，但是我发现我自己已经跑到了街上。四下张望要找人帮忙，可是街上却空无一人。

我又跑回溪边，挣扎着穿过矮树丛和荆棘，跳入水中。水淹过我的头，极为寒冷。我的脚碰不到底！我为什么不早学会游泳呢？我升上水面，抓住断的树根。

旋转的急流威胁我，但是在那里，在急流和堤岸之间是一处安静的漩涡，漩涡中心正是我的宝贝——也在漂着。她仰面躺在水上，好像睡着了一样，两只手臂浮在身侧。她的眼睛闭着，脸色已经发紫。再过一秒钟，她就会漂到我可以摸到的地方。

我一手抓树根，用另一只受伤的不能动的手去扶她。不能动？不是现在！现在我已经不觉得痛了，也不觉得它没有力量。我的右手抓住了玛珍，把她举出水面。

但是我怎么把她弄到安全的地方？堤岸高出我 1 米。我举起她来，好像她全无重量一样，然后把她掷向堤岸。她砰然落地，但是令我惊恐的是她又滑了下来，落入我张开等待的手中。我再一次把她的小躯体掷向堤岸，她又砰然落地，这次她吐出一口气，接着发出哭声，没有再滑下来。我抓住树根，把自己拖出水面。我把她抱起来的时候，她大哭起来。这声音真是太动听了。

在模糊之中，尖叫号哭的回声穿入我的耳朵。好久之后，我才发觉这是我自己在嚎啕大哭。有个女人奔过来了，把玛珍接抱过去。

急救的人来了；我丈夫也来了，脸都吓白了。在他离开家短短的时间里，怎么会发生这样的事？他们把玛珍送到医院，他也跟着去了。

我不知道自己是怎么回到家的。但是那位女人模糊的身影一直陪着我。一种空洞的声音说到"休克"……"热水浴"……那位女士帮我脱下湿透了的衣服时，我才慢慢看清她的脸。

到这个时候我才发现自己是光着脚的。我是多么高兴，发现我只付出这样小的代价———一双鞋子。也是到这个时候我才感觉全身痛得像被火烧到了一样，看到树根刮去了我一长条的肉，留下长长的、流着血的一条口子——而这一个树根也救了我的命，它让我的手可以抓住。

他们都回来了，丈夫把玛珍抱

进来。医生说她在冰冷的水中至少泡了30分钟。但是她会康复的，我丈夫轻轻地把她放上床，给她盖上被子。

在女儿面临最大的生命危机时，这位母亲的内心产生了比她的恐惧还要大的力量，这种深厚无比的力量，使她充满了力量，做出勇敢得令人难以相信的事。

恐惧之所以打败我们，使我们不敢前进，自觉渺小虚弱，只是因为我们的心志受到了恐惧的左右。但是一旦有危机出现，我们就会有一种以前一直隐藏着而没有发挥出来的超级力量迸发出来，使我们做出前所未能的事。然后，你就会真正知道，只要你相信自己还具有潜在的力量，你就能做到你过去认为做不到的事情。这不只是打一针提神的肾上腺素。这提升信心的有力的一针，可以使你燃烧起来，完全把恐惧消除掉。

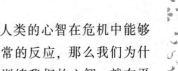

开启生命之门

如果人类的心智在危机中能够有这样超常的反应，那么我们为什么不能够训练我们的心智，就在平时的事务中，不必等待危机出现，也做出令人难以相信的事情呢？答案是：确实能够。方法是练习，练

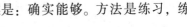

习有信心而不要恐惧，直到信心的反应变成习惯。我们只要改变我们的想法，认为我们能够，我们就可以做出令人惊异的事。

不论发生什么情况，你所见的正是你一直期望见到的事物。请你处处往"好"的一面想，这样就能顺利克服失败的打击。如果真能培养出观察入微的眼光，你就会看到所有的事物都在往好的一面发展。

想要一次就把所有不良的条件全部改善是很难的，可是，不管怎样恶劣的条件，只要努力改善——总有一天，所有恶劣的条件都可以改观。最主要的还是要看你如何认真、努力，以及如何去使用心理的力量。

为什么最恶劣的境况也会被克服呢？那是因为在你心中有无限的力量，因此，要看你那股力量的程度如何，以及如何接受那股力量，这和你心门打开的程度成正比，当你打开心门，让蕴藏其中的力量喷涌而出时，你的命运之门就打开了。

控制恐惧心理

恐惧是人类最大的敌人，不安、忧虑、嫉妒、愤怒、胆怯都是恐惧的变种。恐惧会剥夺人的快乐，使许多人变成懦夫，使许多人遭受失败，使许多人陷于卑微的境地。

恐惧具有使人生命瘫痪枯竭的力量。它能使人贫血，能减少身体和精神上的生命力，恐惧还能破坏人的志向、灭绝人的勇气、衰弱人的思想，使人发挥不出一点儿创造力来。

恐惧足以摧毁一个人的勇气和创造力，会毁灭一个人的个性，使他的心灵变得软弱。遇事便生恐惧、在工作上受恐惧心理的支配、凡事有不祥预感的人，其工作效率一定很低。从古到今，恐惧这个恶魔败坏了无数人的事业。

恐惧是最有害于人的东西，它对人没有一点益处，所以，我们要如同弃绝不良行为一样把恐惧这个恶魔从我们的生活中赶走。

我曾读过一位老人有趣的回忆录，谈到他早期在美国西部的生活。他是一名派驻在偏僻山区火车站的电报员，从晚上7点工作到次日早晨7点钟。在他上任的第一个晚上，一列货车把他丢在那个孤零零的车站，他觉得有一种恐惧的感觉。在那孤寂的地方，只有他一个人。当货车轰轰地驶下山谷，汽笛声消失在远方之后，他觉得寂静从四面八方包围过来。那里只有寂静——深沉的、孤寂的、令人不安的静。然后他想到自己离开人群有好几里远，这让他的神经紧张了起来。他走进办公室，把电灯全部打开，关上门，并且牢牢地锁起来。他把窗帘全都拉下来，把自己完完全全地关在车站里度过了一夜，四周的黑暗和孤寂让他惊恐不已。

夜里，他听到各种各样的声音从车站四周传过来。他吓坏了，认为野兽或土匪会冲进来。他急迫地等待黎明和阳光来临。"我绝对不会干下去。"他对自己说。但是他还是干下来了，虽然每晚他的恐惧似乎越来越严重。

后来一天早晨，接班的人来了。他对接班人说："比尔，我不能干下去了。晚上的黑暗吓得我要命。"

"我很了解，"比尔说，"但是问题可能是你太不了解黑暗了。你是否想到过要去认识黑暗？黑暗并不是你的敌人。你再试一个晚上看看，但是这一次你要试着去了解黑暗。不要像一只被吓坏了的兔子一样把自己关起来。其实根本没有什么可怕的。"

第二天晚上，他虽然还很害怕，但是硬着头皮把门窗打开，连窗帘也收了上去。出乎他的预料，他这样做却有了很大的收获，他闻到了山中夜晚芬芳的气味，最后他走了出去，仰望繁星点点的天幕，月亮的银光洒满了大地。后来他说，那天晚上是他生命中最美好的一段时光，他学会了面对黑夜，站起来抗拒恐惧。由于认识了黑暗，他摧毁了过去曾控制了他的恐惧。

控制你的恐惧，这件事应该优先去办。英国伟大的作家喀莱尔曾经说过："一个人的首要责任是征服恐惧。"要征服恐惧，有一件事非常重要，那就是行动——积极的、勇往直前的行动。恐惧必须要处理，因此我们应该去处理恐惧——采取行动。老罗斯福总统就应用了这种强有力的方法，他做得很好，因为他是心智坚强的人，他说："我常常畏惧，但是我不屈服。我迫使自己行动，好像一无所惧一样，而慢慢地我的畏惧感也就消失了。"

认知自我能消除恐惧

长期的忧虑和恐惧常常起源于孩提时代受别人的暗示而种下的祸根。

多年前，当吉伯特还是个小女孩时，她和妈妈去拔牙。一件异常可怕的事情发生了，小女孩亲眼看到母亲死在了牙医师的椅子上。她吓坏了。这到底是怎么一回事？从此以后，她的心灵便留下一个不可磨灭的印象：她想自己以后一定也会这样死去。她背负了这个重担30

年。恐惧日渐加深，她终生不去看牙医，不论她的牙齿坏到什么程度。

可是，她的牙齿已经痛到无法忍受的地步。最后只好同意请一位牙科医生到家里来拔牙。当时她住在苏塞克斯附近的海边，她的家庭医师及牧师均在旁照料。她坐在椅子上，那位牙科医生为她戴上围嘴，才刚把拔牙的器具拿出来，吉伯特看了一眼，就死了。

《每日邮报》报道说，吉伯特是被"30年的想法"杀死的。当然，这是一个特例。但是，现实生活中到处都有人因为他们内在的挫折、仇恨、恐惧和罪恶感，而对他们的健康造成损害。显然，要保持健康身体的秘诀是摆脱所有不健康的思想。我们必须使自己的心灵洁净，为了有健康的身体，先得去除心中的消极念头。

如果我们从出生开始就没有过分恐惧的毛病，那我们的精神会多么健康！我们四周的人并不是有心伤害我们，但是我们却从他们那里接收到畏惧的种子。成年人常常在不自觉的情况下把畏惧注入儿童身上，儿童此后就在这种奇特的疾病中受苦挣扎，必须等他自己有了正确的想法，并真正地成熟，或者得到专家的协助，或是得到健康的信仰，他们才能从中获得解脱。

有人说认识自我是智慧的开始，通常它也是痊愈的开始。但是要完全治好畏惧，还需要更多的东西，根深蒂固的畏惧必须用某种积极的东西——强烈的信心，来取而代之，否则它们会再度出现，或者又产生新的畏惧。

对于消除恐惧来说，人们精神上的天然解毒药是最有效的，那解毒药是什么呢？就是勇敢的精神、正确的思想、自信的观念和乐观的态度。不要等恐惧的思想深深地侵入你的脑髓后，才去用解毒药。一旦你用勇敢的精神、正确的思想、自信的意念和乐观的态度填充了你的头脑，恐惧的思想就无法侵入。

当不祥的预感、忧虑的思想在你心中发作的时候，你切不可纵容它们，使之滋长蔓延。你应当立即转换你的思想，向着与恐惧忧虑相反的方向去想。如果你正在为自己的软弱、自己的准备不周、自己可能的事业失败而恐惧，那么你就得立刻改变你的思想，你要确信你是多么坚强、多么有能力、多么有把握，并且完全有充分的准备来应付更大的事情。唯有抱着这种思想的人，才能步步向前，出人头地。

从行动中消除恐惧感

我们害怕的事，通常恰恰就会

来临。

为什么所害怕的事一定会来临呢？第一，因在个人潜在意识里产生了害怕，这种内部力量会影响外部。第二，由于在心底播撒害怕的种子，所以可怕的事会从外部来临。

那么该怎样做才能使可怕的事不来临呢？最好的方法是跟潜能连接。潜能拥有无限的能力，因而若和潜能接触就可得到其无限的力量供给，并感到很安心。这时候的自觉程度如果和潜能成正比的话，就可以受到能力的供给。这种自觉并不是靠读书或听别人谈论就可了解的，而是自己心里必须十分明白已经懂到什么程度，也就是说，是整个内心的自觉。

如果我们能和潜能的灵魂协调生活，那么任何东西都无法从外部来攻击我们。

初学游泳的人，站在高高的水池边要往下跳时，都会心生恐惧，如果壮大胆子，勇敢地跳下去，恐惧感就会慢慢消失，反复练习后，恐惧心理就不再存在了。

倘若很神经质地怀着完美主义的想法，进步的速度就会受到限制。"等到没有恐惧心理时再来跳水吧，我得先把害怕退缩的心态赶走才可以"，结果把精神全浪费在消除恐惧感上。

从这方面努力的人一定会失败，为什么呢？人类心生害怕恐惧是自然现象，必须在亲身行动中才可能慢慢减退，不实际体验付诸行动，坐待恐惧之心离你远去，自然是徒劳无功的事。

在不安、恐惧的心态下仍勇于作为，是克服神经紧张的处方，能使你在行动之中，获得活泼与生气，渐渐忘却恐惧心理。只要不畏缩，有了初步行动，就能带动第二次、第三次的出发，如此一来，心理与行动都会渐渐走上正确的轨道。

相信自己

我可以凭亲身经验，写出年幼时的生活经历所产生出的畏惧，因为它带给我的痛苦使我难以忘怀。我过去常常有强烈的向前进的念头，但是同时又为同样强烈的自我怀疑所阻碍。我觉得自己不行，我有强烈的自卑感，至少这是我当时对自己的看法。

我过去一再对自己说："我没有什么价值。我没有烦恼，没有讨人喜欢的个性。"我畏怯、退缩、害羞——用这个老字眼形容我最恰当不过了，我真羞怯。我发现别人对我也有这种看法。这说明你怎样看自己，别人很可能也会同样地看你。

在大学毕业的前一晚，我们举行了一个惜别晚餐会，院长约翰·哈夫曼博士是我们的主客。他真是男人中的男人，他曾经是足球明星，有吸引人的外向个性和壮硕的体格。他那直透人心的目光可以看出旁人的能力和缺点。此外，他更有一颗爱人的心。

晚饭之后哈夫曼博士对我说："诺曼，陪我一起走回家去。我要和你谈谈。"我立刻陷入恐惧。我到最后关键时刻还要给"当"掉吗？这是不可能的，因为毕业典礼程序都已经印出来了，我的名字也在毕业同学名册当中。我的分数还不错啊。

我们一同在月光下散步，他谈到了生命，并且指出，如果想法正确，再把事情做得正确，生活会多美好。我们到他家门前的时候，他停了一会，然后把手放在我的肩上。"诺曼，"他说，"你知道吗？我认为你真不错。如果你学会怎样去发挥出来，你的能力是很好的。我认为你可以成为一位演说家。"

他又看了我一会儿，"但是，"他说，"你得学习相信你自己，不要再畏惧、自卑或怀疑自己。永远永远不要害怕任何人、任何事，或你自己。"他用拳头轻轻捶打我的胸脯，"孩子，我很喜欢你。你要一直相信自己。没有什么事是可怕的，

所以抛弃恐惧，好好过一辈子——真正地好好过一辈子。"

我离开他的时候，好像腾云驾雾一样。这位被我视为偶像的伟大人物居然说我不错，突然之间我不再畏惧。从那一刻开始，我觉得自己放得开了，心情也极为轻松。当然，我畏惧的毛病仍然不时会重现，但是我以那一天晚上为标杆，那一位了不起的人使我这个心怀畏惧的孩子相信自己可以在一生中做些事。我把那一晚当作自己最后胜利的起点。

首先我开始检视自我和现有的价值观，以及两者间的互动关系。自己之所以从不考虑尝试甲事或不断重复做乙事，是否因为被某些想法束缚住了？不论你是否意识到它们带来的长期或短期影响，主观成见越多，对生活造成的限制也越大。

从某个角度来看，放弃自己的价值观念等于是否定自我。但是，这何尝不是再出发的宣言："我要跳出现在的框框，以最真实的自我，追求更广阔的天地！"归根结底，许多观念并非与生俱来，而是在成长的过程中一点一滴灌输的，我们接受以后，便当成思考和感觉的依据。所以，如果要拓展生命的空间，就得大刀阔斧地改造。

放弃成见，让"有所为的自己"

打先锋。诚然，在没有明确是非判断的绝对标准下，风险是无可避免的。但是，生命绝不再是漫无目标的旅程。

我一直尊敬哈夫曼博士。多年以后我听说他得了喉癌，病情严重。我赶到加州巴沙甸拿市去看他，他那曾经振奋无数听众的金嗓子已经无声了，但是他那让人温暖的微笑还是老样子，仍然使他的面孔发出光辉，他的大手仍能够像过去一样有力地握住我。

他不能说话，只能笔谈，他仍然深信"他的孩子们"都是不错的。"我一直留心你的消息，而且引以为荣。"他写，"看到你真高兴。"我的眼中不禁满是泪水，他看到了，就把话题转移到老日子的逸事趣闻。我们大笑一回，也一同哭了一回。这是难忘的深厚友谊的表现，是我一生中最难忘的经历之一。

最后到了辞别的时刻，我紧握住他的手说："哈夫曼博士，您还记得那天晚上在您家门口，您对我说话的事吗？您说话的诚恳态度，使我摆脱了畏惧的阴影。我要告诉您，我非常尊敬您。"

我知道那是我最后一次看到他，而他对我的帮助真是太重要了。我握住他的手臂，他却用拳头打我的胸。"我也喜爱你，孩子。我会永远永远喜爱你。"他写道，"我也会永远认为你很不错。与你内在的力量同行，永远不要害怕。"我在门口停下来，再回头看他，他两手握拳，举了起来，而我最后看到的是我熟悉的那种微笑。

要克服畏惧最重要的是心中不要有任何妄念和冲突，用正常的自然的态度来处理问题。你应该事先采取一些准备和预防行动，相信自己，也相信别人，然后正常地、毫不畏惧地去做你该做的事。

第七章　尽量创造奇迹

"如果我是块泥土，"玛丽·科莱利说，"那么我这块泥土，也要预备给勇敢的人践踏。"

你要知道，你自己就是一个奇迹。相信你可以使奇迹发生——办法就是动脑筋、祈祷、相信、努力工作和帮助别人。

事实上，当一个人期望奇迹后，他的心智就会立刻进入状态，开始促使奇迹发生。他不再消极，他的本能就会积极地投注在问题上，他就会释放出心智中本有的创造力。生活的意义不再涣散，而向他凝聚。期望不利，就会赶走吉利；而期望吉事则会吸引吉事。他们就以积极期望代替了消极期望。

"奇迹"在字典中的一个定义是："某种美好而能超过一切的品质。"虽然这个词常常用来指某种超过已知的人力或自然力的事，但是这不是它的唯一解释，它还有"可以产生出奇妙、了不起或不平常效果"的意义，而这正依赖"某种美好而能够超过一切的品质"。

我们要谈的正是这种品质，这种心智的品质具有创造不可能事物的能力，具有相信没有任何事物不能更好的能力。这种能力让我们能够期望奇迹，并且使得奇迹（美好的事物）发生。

随时随地期待奇迹

在每一件事情似乎都不对劲的时刻，正是实行积极想法的时机，只要你坚持，尽一切努力，你就能达成目标。如果你认为没有希望，这种想法只会招来更多的麻烦而击垮你。因此，你要坚持认为状况会变得对你有利，并且采取行动，继续前进。

我们常常很容易就认定情况已经超出了我们的控制，以它作为我们太早就轻易放弃的借口。在世上能够出头的人，都能站起来寻找他们所要的环境，如果找不到，他们就动手去创造出来。用这种态度处理问题才可以创造出奇迹。

就在我写这一段文字的时候，我可以从我的旅馆房间看到湖那边远方的"灰姑娘"城堡，它的宝塔和角楼的尖顶高高地耸入佛罗里达州的天空。我不禁想到一段故事，一个奇迹的故事，是发生在梦想和创造奇迹的宝地——美国——的冒险故事。

这个故事发生在很久以前的堪萨斯州。一个爱好绘画的年轻人向每一家报社辛苦地推销他的漫画，但是每一家报社的编辑对他都很冷淡，甚至残酷地告诉他，说他没有天赋，建议他不要再搞漫画了。不过他无法放弃他的梦想，因为他的梦想已经掌握了他，不让他随便放弃。

最后，一位教区传教士雇佣了他，薪水很低，要他为教堂的活动画海报。这位初出茅庐的年轻人要求有一间画室，可以让他有地方睡觉和绘画。教堂有一间旧车房，里面有很多老鼠，传教士就让他使用这间车房。后来怎样呢？那些老鼠中的一只名扬全世界，年轻的画家也名扬天下。这只老鼠就是后来尽人皆知的米老鼠，而这位画家就是华德·迪斯尼。

任何想成就大事的人，都应该记住古希腊政治家狄摩西尼斯所说的睿智的话。狄摩西尼斯说："小机会常常是大事业的开始。"这位年轻的画家使奇迹发生了，而且奇迹的范围真大，它发展到了电影界，最后创造了加利福尼亚州的迪斯尼乐园以及佛罗里达州的迪斯尼世界。

想当初，迪斯尼口袋里没有几个铜板，每个人都不愿意借钱给他，都拒绝他，然而，他始终没有绝望，没有放弃自己的梦想。他只是继续相信自己，相信工作，相信他的梦想，终于使得奇迹发生，成为了儿童幻想世界中最伟大的大师。他走入了美国的心灵，他的同胞以及全世界的人都敬爱他。

你应该把迪斯尼的事例铭记在心，你应该相信这个世界处处充满了机会。然后，你就会开始期望奇迹，并且遵循迪斯尼等人遵循过的成功定律，使得奇迹发生。

打开你的"热情启动器"

热情也可以视为你的"启动器"。什么样的话题会促使你兴致勃勃地去谈论，甚至让你激动起来？什么事情会让你真的在意，甚至使肾上腺素都快速运作起来？当你和他人谈话时，什么兴趣会真正触动你的热情？确定后，集中你的心力在这件事情上。

最近几年，我访问过一些有名的优秀演员、政治家、运动员和公众人物。我发现无论他们从事的是何种职业，他们都具有强烈的热情。他们热爱他们所做的事，他们关心他们所做的事，他们无法想象不做那些事情要如何过日子！

这就是一种强烈的感情、狂热和热情。

你的"热情启动器"会促使你去做没有人强迫你做的事，因为这件事会使你感到兴奋，会催促你，甚至引起你的好奇心。它是你做这件事的原动力，它让你感到每天一定要做这件事，否则难以度日。

我在商业界遇见过许多伟大的人物，其中有些人曾经赚过好几百万美元，也曾经全部赔光过。为什么我依然认为他们很伟大？因为他们会驱动自己再度赢回曾经失去的一切。他们知道失去过什么，而内在的动力会促使他们重新达到成功。

我遇到过的一些演员也有过相同情形。他们曾经有过了不起的演出，但因为没有遇到好的剧本或角色而几年内不曾演戏。他们全心期待成功再度来临，因为他们知道伟大的艺术表演应该是何种面貌。

然而，大部分的人不曾达到过这样的成功，所以他们不知道他们可以拥有成功，或是不相信他们也可能成功。因此他们缺乏动力去尝试追求成功，当然，结果就是：没有尝试，或是没有尝试的动力，他们就永远也无法成为想要成为的顶尖人物！

要知道你锁定的梦想是不是正确、是不是适合自己的最佳方法，就是检视自己对这个梦想有没有足够的热忱。如果你对目前以为的人生梦想并没有热忱，我敢说这不会是你命定的人生目标——你只是认为这应该是自己的梦想或目标，但却不是你真正渴望达成的梦想或目标。

当你发现你对生活中某些事物——无论是一件、两件，或三件——怀抱真正的热忱时，你就应该朝这个方向开始行动！

奉行成功定律

什么是成功的定律？首先要有一个目标，不是模糊不清的目标，而是明确清楚的目标。你得知道自己在做什么？你要到哪儿去？你要做什么样的人？而且知道得明明白白。第二步——真正要实行的一步——是要为这个目标祈祷，以确保这个目标是正确的。如果不正确，那就是错误的目标，目标错误则永远不会有正确的结果。

然后你以心智渗透的办法把这个目标坚持不懈地打入你的心志，再使这个目标深入到你的潜意识中，一旦这个目标牢牢地固定在你的潜意识中，你就确确实实把握了它，因为它已经把握了你，整个的你——你的希望、你的思想、你的看法和你的努力。

然后在你的目标后面加入积极的而不是消极的想法。持消极想法的人只会释放破坏的力量，而这种力量就会毁了他，如果他释放消极的信息，他就会使得他四周的世界也消极地对待他，这是消极思想会引发消极结果的定律。"种瓜得瓜，种豆得豆。"同类相聚，某一种想法自然会生出某一种结果。有消极想法的人常常只会为自己吸引来消极的结果，这是他自找的。

相反，抱着积极想法的人表现出乐观和积极的想法，会使他四周的世界积极回应他。基于"种瓜得瓜"的定律，他为自己得回的是美好积极的结果。他工作再工作，思考再思考，相信又相信，他永不止息，永不放弃。他把积极的信仰和行动注入努力中。结果呢？因为他

认为他行，他做什么事都行，都能够做成、做好。他的梦想可以成真，他能达到他的目标……奇迹也就发生了。

你要弄懂我说的话的意思，这是你不能错失的，因为它会影响你的一生。我的意思是：只要有好的动机的目标和梦想，都可以实现，都可以成真。对你是这样，对别人也一样。因此，当你觉得泄气，觉得挫败的时候，要记住华德·迪斯尼和米老鼠。期盼奇迹吧！

当然，我们谈奇迹原则时，一定会有人反对。"当然啦，这个原则很好，但是对我来说呢？我可不是华德·迪斯尼。我不是天才，我只是普通人。你真以为我期盼奇迹就能使奇迹发生了吗？"这个问题的答案是："是的，我真的认为你能。"因为，你知道，你认为你行你就行。

奇迹有各式各样的外观，有大的、中的和小的。如果你相信能使小的奇迹发生，你就能够进而使较大的奇迹发生。动脑筋思考、相信、工作、以正确的态度待人、付出你所有的一切，你就会发现自己正做着最令人惊异的建设性工作。

但是自认为不行的人，自己看扁自己的人永远不可能创造出奇迹来。他怎么能呢？他把自己，把他的机会都估计得很低，他也就悲惨

地把自己局限于低层。但是这种人如果改变想法——对工作、机会、自己的能力、对别人、对自己的想法——心里有使奇迹发生的信心，奇迹就会发生。

一心向上，永远怀着希望的人，他的一生毫无疑问地可以创造伟大的奇迹。由于什么样的想法就会产生什么样的结果，抱着黯淡想法的人很可能一生只能会有黯淡的结果，而精进的人就会获得成功。

有信念就有奇迹

人在被迫时，有时会产生极意外的力量，这时，会想脱离而拼命地去挣扎，一种不肯认输的热情会涌现出来。这种斗志在普通人看来，有时会产生被认为是奇迹一般的现象；从潜在能力的角度上来说，这不是奇迹，而是必然。一些过去被认为什么事都无法做成的人，突然做出了这种了不起的事，就是因为这个缘故了。不管什么难关，只要有热情和欲望，都可突破。

这时候就可分为被周围环境逼迫而拼命挣扎的情况，以及自己设定超过实力以上的目标自动去追求这两种情况。

有一所位于偏远地区的小学校由于设备不足，每到冬季便要利用老式的烧煤锅炉来取暖。有个小男孩每天都提早来到学校，将锅炉打开，他要让老师和同学们一进教室就能享受到暖气。

但是有一天老师和同学到达学校时，愕然发现有火舌从教室里冒出。他们急忙冲进去将这个小男孩救出来，但他下半身遭到严重灼伤，整个人完全失去意识，只剩一口气在。

送到医院急救后，小男孩稍微恢复了知觉。他躺在病床上迷迷糊糊地听到医生对妈妈说："这孩子下半身被火烧得太厉害了，能活下去的机会实在太小。"

但这个勇敢的小男孩不愿这样被死神带走，他下定决心要活下去。果然，出乎医生的意料，他熬过了最关键的一刻。但等到危险期过后，他又听到医生跟妈妈窃窃私语："其实保住性命对这孩子而言不一定是好事，他的下半身遭到严重伤害，就算活下去，下半辈子也注定是残废。"

这时小男孩心中又暗暗发誓，他不要成为残废，他一定要起身走路。但不幸的是他的下半身毫无行动能力。两条细弱的腿垂在那里，没有任何知觉。

出院之后，他妈妈每天为他按摩双脚，不曾间断，但仍没有任何好转的迹象。尽管如此，他要走路的决心也不曾动摇。

平时他都以轮椅代步。有天天气十分晴朗，他妈妈推着他到院子里呼吸新鲜空气。他望着灿烂的阳光照耀着草地，心中突然出现一个想法。他奋力将身体移开轮椅，然后拖着无力的双腿在草地上匍匐前进。

一步一步，他终于爬到篱笆墙边，接着他费尽全身力气，努力地扶着篱笆站了起来。抱着坚定的决心，他每天都扶着篱笆走路，走得篱笆墙边都出现了一条小路。他心中只有一个目标：努力锻炼双脚。

凭借着如钢铁般的意志，以及每日持续不断的按摩，他终于靠自己的双脚站了起来，然后走路，甚至能跑步。

他后来不但能走路上学，还能和同学们一起享受跑步的乐趣，到了大学后，他还被选入田径队。

一个被烧伤下半身的孩子，原来逃不过死神的召唤，原本一辈子都可能无法走路、跑步，但他凭着坚强的意志，跑出了全世界最快的成绩。

"置之死地而后生"，在战场上尤其是如此，越怕死的反而越容易死，而那些决心拼死去搏斗的人，却意外地能生存。在碰到人生大困难时，有时会开拓出生存之路来。像这样在大困难中生存过的人，往

后的人生就会更明朗、更通畅。

不具备超人的决心，就不能捕捉到机会。停留在自己身边的机会不多，机会应该靠自己去创造才对。

决定要做的事，一定要坚持到底地推行下去。问题不在于能力的局限，而是在于信念够不够。使事情成功的力量是什么？其中当然包括能力，能力虽然是必须的条件，可是并非充分需要的条件。所谓充分需要的条件，就是给予那个能力本身的原动力、浸透力、持续力等的力量。像这样各方面的力量，就是信念。

使你成功的东西，并不只是能力的因素，也不只是努力和忍耐的品质，当这些东西总和起来成为本性时，你才可以得到最后的胜利。

公路上的奇迹创造者

多少人因为畏惧、自我怀疑、自卑而使自己的心智瘫痪下来。抱着灰色想法的人会使自己盲目，不能看出他本可有的成果。但是乐观的人以信心激发了心智，并且建立起自信来。结果怎么样呢？心智活泼起来，充满了精力而迅速地解决好问题，心灵而福至。你要把使你丧失斗志的不健康的想法从你那无可比拟的利器——你的头脑、心智

中驱赶出去。

现在以我的几位朋友为例，他们是海伦和保罗·杜兰，他们的女儿派姆和派侬，以及海伦的母亲，大家都亲热地喊她"妈妈"的露丝·林丝壮太太。他们在纽约派特生市附近22号公路上开了一家充满欢乐气氛的小吃店，我常常到他们店里去吃饭。食物好吗？真正的家常小菜，太好了。妈妈更是做点心的高手，她的派、干饼和布丁真是太好吃了。但是不仅如此……

整个一家人都在工作，我指的是真正的工作，我从来没看到有任何懈怠或不耐烦，他们对任何人都露出微笑，都表示出愉快的欢迎。海伦·杜兰是漂亮的女人，充满了魅力，笑声爽朗，态度优雅。大家都非常喜欢她。

几年以前她上过电视"我的职业是什么"的节目，参加猜谜的一组人都很有经验、很有技巧，但是他们都猜错了，因为那时候她是一个村庄里的收垃圾人。你先看看她的外表，根本不会想到她是收垃圾的。她坐在垃圾车上就像是个女皇一样。

她和她勤勉的丈夫决定改行开餐厅。他们在公路旁兴建了一幢小房子，命名为"软冻堡垒"。他们刊在报纸上的广告真是一篇好文章，把他们的店形容成是为每一个人提供快乐、家常情趣和好食物的地方。

我第一次到他们开的餐厅的时候，看到高达天花板的美丽壁炉，每一块砖头都砌得非常好。"谁砌的壁炉？"我问，"砌得太好了，手艺真好。"

"我砌的，"海伦回答说，"每一块砖头都是我用我这一双手砌的。"

"真想不到！"我只有赞美，"收垃圾、做经理、厨子、泥水匠、妻子、母亲——还有什么？"

"哦，"她说，"保罗和我自己建这幢房子，完全是我们自己盖的。我们喜欢工作，喜欢做东西、建房子、让大家都快乐。"

我必须要说的是，在这个国家像杜兰夫妇的人真是太多了，成百万，上千万，他们组成了美国，他们以勤奋的工作和创造性的热忱维护这个国家。从整体来说，他们创造了一个奇迹——美国。

每年冬天杜兰一家人好像都去度假了，事实却不是这样。每年冬天他们把饭店停业，而去南方的佛罗里达州，在那里开发出一个叫做杜兰市的地方。他们得铲除一片松树林，现在那里已经成为很好的地产。"你们是怎样做出这么多了不起的事情？"我有点不相信地问他们。

"哦，你知道，我们相信奇迹，期盼奇迹，我们只是使奇迹确实发生而已。"他们的答复就是这样。

有些内心失衡的人，他们认为自己与那些有钱人贫富差距太大了，于是便主张利用一些非常手段来获得财富，以为这样一切事情就美好了。但是这些迷失的人完全忽视了还有另外一种分配财富的方法，那就是你想出一个主意，培养出实现这个主意的热忱，然后着手去工作、工作、再工作，把这个主意实现出来。世界上再没有任何东西像这套公式一样能创造出繁荣富裕来的了。

奇迹并不是由梦想构造的，而常常是由单纯的、日常的和平凡的事实综合而成。光是"想"要善用你的一生，距离奇迹的出现还远得很。问自己要做什么样的人，要做什么事，要自己向前进、向上爬，能使生命更有意义的"驱策力"才是构成奇迹的要素。请记住，如果有一个人历经辛苦而获得真正的成就，你对他说："啊，你真了不起。"你的意思实际上就是说他创造了"奇迹"。所谓"了不起"，就是指某一项成就非常令人惊奇，惊奇的程度超出一般情形。这当然要比"我只能做到这种程度。我只有做到这种程度的能力。事情就是这样，为什么还要伤脑筋呢"的消极态度好得多。

充满了活力和热忱的人，努力工作、思考、计划、再继续工作的

人——他们会创造出奇迹来。

运用评价鉴定的原则

怀抱希望的人可以把希望和信心（两者都是奇迹的因素）投入最黯淡的情况中，而使它变得明朗起来。只要你把曾使你变得虚弱的失败的想法，从你的心智中驱逐出去，失败就不能打败你。

几年以前，纽约市一位广告界的资深人士亚力克斯·奥斯朋为"前往你要去的地方，成为你要成为的人，做你要做的事"拟订了一个公式。我就运用了他的定名为"运用想象"的原则，并且介绍给很多人，他们也都认为在发展创造性上这些原则极为有用。下面就是这些原则：

1. 在一张纸上写下你的3大愿望，并标出次序来，然后每天看这张表。

2. 每天用一个小时分析和研究你的工作。每天这样做，不出5年你就会成为你的工作领域里广为人知的专家了。

3. 每天用一个小时的时间在一张白纸上写下你所能够想到的主意。这样做你就会想出令人惊异的好办法，足可以用来改进你的工作和你自己的表现。

另一位会动脑筋的专家爱德华，在他所写的《发挥你思考力量的6

大秘诀》一书中，写出了培养思考力量的创造性过程：

如果我告诉你一个至少能使你思考的力量加倍的方法呢？成千上万的人发现，只要更用心地去运用一次极为简单，但是经科学方法证明更为有效的原则，他们就会找到，或者更为正确地说，再度找到他们自己内心储存的丰富的想象力。

拿出一张纸来，用3分钟时间，写下改良你案头工作的可能途径。你写下了多少办法？如果你能写上15个以上，那就太好了，10个到15个也很好，5个到10个很不错，但是很可能你写下的不到5个。为什么呢？你可能因为某些理由而没有把一些主意写下来，例如你认为它们不可行，或是可能花钱太多，或是以前有人做过，或是太简单明显了。换句话说，你每想到一个主意，都会加以鉴定。你一定也会觉得你所想到的主意有的理由充分，而把一些主意扼杀掉——但是这样做就会阻断主意的源源流出。

最有力量的原则是先想，以后再评价鉴定。把你所想到的每一个主意和办法——好的、坏的、平常的、奇特的、可行的、不可行的、激进的、落伍的，等等，都写下来。在你写下一个好主意的时候常常会引发你想到另外的一些主意。你的

这种连续引发、举一反三的反应，正是你创造力的中心，如果让这种反应自由发挥，那就更能自然顺利地产生很大的作用。

要想找一个好主意，办法就是多找一些主意。应用延缓评鉴原则就可以想出更多的主意。

公路上最甜的地方

虽然以前我还没有听人说过，但是我已经和一位漂亮的女士有效地运用了这个"先想后鉴定"的原则。这位女士是已故的露易丝·威廉生太太，在密西西比州的家乡里大家都亲切地称呼她"露小姐"。有一次我应邀到阿拉巴马州莫比尔市发表演讲，露小姐特地到旅馆来找我。

她是一位举止文雅、娇小玲珑的女人，丈夫才去世不久。她的问题有两个，也可以说一个：财务，以及她一个人今后该怎么办。"好吧，"我说，"我们拿一张纸和铅笔出来，列出所有你可以做的事情，然后我们再研究研究，选一个最适合你做的。"

"哦，但是你知道，我什么事也不会做，"她回答说，"我以前从来都是什么都不做。我丈夫决定一切，我什么训练都没受过。"

"哦，好吧，现在我们再来好好地想一想，"我说，"我知道你一定会做一样事情，而且做得很好。"

"嗯，"她犹豫着说，"我想有一件事，我会做糖果，大家都说很好吃。"

我大感兴趣，立刻开始计划她怎样做那些好吃的糖果，并且怎样到处去推销，以便使她在这个行业上站住脚跟。但是她却给我浇冷水，说是"淑女"不能够去卖自己做的糖果，而应该分送给朋友。

如此一来我就得先让她认识到生活中的现实经济面，提醒她知道，如果她还要因为自己的出身而顾忌这顾忌那，那她最后就只有靠救济金过活了。"你最好现在就决定是要靠救济金生活，还是实行自由企业制度？"我警告她。

"这样吧，"我继续说，"你给我一盒糖果。我是这方面的专家，我会吃出好坏来，然后再告诉你是不是可以做糖果生产。"几天以后她送来两磅重的一盒糖果。真好吃，真是太棒了。为了这种帮助别人的"高贵"行为，我的腰围只有日益加粗。

我鼓励她把靠着大路的前间屋子改为店面，陈列她的产品，门前再挂块招牌，在马路上也挂一块。她现在头脑也管用了，也会想出很多办法。她把她在密西西比州艾德华镇的这个糖果店称作"88号公路上最甜的地方"。没有多久光顾她糖果店的人从各地写信给我，谈到露和她做的糖果，因为她把我的照片挂在她店里的墙上。

现在请注意这些结果，看看这些奇迹：几年前，露小姐被推选为维克斯堡的年度杰出妇女，以后又被选为密西西比州的年度杰出小姐。这不止是因为她做糖果生意而生活得很好，她对社区也很有贡献，成为社区生活中的重要分子。她发现了潜伏在她内部的能力，她变成快乐而待人热忱的人。

还有更大的荣誉。美国商会要选6个人为全国年度的最杰出国民，结果其中有5名是男人，只有1名女士，可能你已经猜到了——那名女士就是露小姐。

期盼奇迹并使奇迹发生还有一项重要因素，那就是要把信心注入这个公式里去。一个奇迹制造者必然会遭遇困难，在困难之中如果没有信心，他就很难会有持久的动力，也就难以战胜这些困难。信心加上有动力的梦想，再加上认真地工作，就是向前进的公式，可以使你到达你要去的地方。如果你变得厌烦人生、世故，或什么都不在乎，以及没有梦想，没有信心，那你一定就很糟糕了。但是你可以改变自己，任何人都可以随时改变他自己。只要你相信你所具有的能力，你就可以办成任何事。

秉持信心

要获得成功，在必须具有欲望、机遇、信念的同时，还需要忍耐。

对"忍耐就是等待"这句话的意思，席勒解释说："真正能够成功的人，不管怎么计划，都会了解——人都有一段除了忍耐以外再也没有任何方法可通过的阶段和时期。而最危险的是，在这期间，我们都很容易灰心。"

所谓等待，并非只是呆呆地等着从天上掉下馅饼来给你吃，而是指应该拥有信心，抱着希望去努力。

在旧金山，我总是喜欢到俄玛开阳吃饭。老板乔治·马迪肯是我很好的朋友，他在18岁的时候，以难民的身份从土耳其移民到美国。突破一切困难，他到了美国，却别无长物，只有信心，而信心可不是很小的资产。

在老家土耳其的时候，他看他母亲做出极为好吃的亚美尼亚食物，他发现自己有烹饪方面的天资，因此他想到要为美国人做出亚美尼亚食物，做一个世界上最好的厨子。

到了美国以后，虽然他连一个英语单词都不会说，乔治还是在旧金山一家叫做"丹氏咖啡"的第四流饭店找到了一份工作，一天洗12小时的盘子。这个时候他也开始学说英语。后来他成为另一家饭店的经理，周薪50美元。经过一段时间后，他向他的老板说他要做厨师，虽然老板告诉他厨师的周薪只有35美元，可是乔治仍然说要做厨师。

从最低层开始做起，几年之后乔治在佛瑞斯诺开了一家很漂亮的饭店。他开始为大众，尤其是为青年朋友做事。每到一处，他都要指出美国的伟大，而美国人有时候却忘记了这一点。有一天他写了一张1万美元的支票给他太太，他太太说："乔治，你根本就没有1万美元哟！"

"我知道，"他回答说，"我要你把这张支票收起来，将来做我们第二次蜜月用——我们过些时候要环球旅行一次。"

他继续工作，抱着信心，然后有一天他对太太说："亲爱的，我们现在可以去旅行了。"然后他们就到了旧金山。他说："你去买东西，为我们环球旅行买你所要的一切东西。"

这时候，乔治去看了一下以前是"丹氏咖啡"的那家饭店。他突然有了要拥有这家他以前洗盘子的饭店的强烈欲望。因此他就买下了这家饭店。他回到了旅馆，发觉他太太已经买东西回来了。"亲爱的，"他说，"我得告诉你一件事。"

她看看他，大多数太太了解她们的先生比先生了解自己还要多。"我知道你要告诉我什么，"她说，"你已经花掉了这1万美元。"她还加上一句："我还知道你做了什么事，你买下了一家饭店。"

"是的，亲爱的，"他承认说真是太糟糕了，"这笔钱本来是给你的。但是我们恐怕永远不会再有机会在旧金山这么一个地方来开俄玛开阳饭店！"

他太太很可爱地回答说："乔治，我很高兴，我真以你为荣。"

一天吃晚饭的时候，乔治告诉了我这段故事。我们的桌子所在地正是他以前为"丹氏咖啡"洗盘子的地方。

第二次世界大战期间，加州一处很大的陆军训练基地的指挥官向乔治提出一个问题：士兵们不喜欢吃煮给他们的饭菜。陆军采购的是最好的食物，因此毛病很明显的是出在烹煮方面。大量采购的项目之一是很好的南瓜，但是等到菜送上桌时却是一团糟，结果倒进了垃圾桶。

乔治研究了陆军大厨房里的情形，然后向将军报告："问题出在厨房里的人不以他们的工作为荣。给他们穿上白制服、围裙和厨师的帽子，让膳食士官的袖子上多加一条杠，使他有一种更重要的感觉。"乔治也教会他们怎样烹调出美味的南瓜。他在南瓜里加了很多佐料，然后让他们试尝——他们都猛咂嘴唇。

他对这个陆军基地提供帮助后，又对驻在欧洲的陆军也提供相同的服务。为了感激他对国家的贡献，美国总统邀请他到白宫吃晚饭。当这位本是亚美尼亚的男孩坐在白宫里和总统一同吃晚饭的时候，他心中想："还有什么地方可以让一名移民的男孩得到激励和机会，使他的梦想能够成真呢？"

乔治·马迪肯和我一同接受了布瑞汉青年大学的荣誉学位。他接受了学位证书，回到我旁边的座位上，我看到他的眼泪流下了面颊。我把手放在他的手上说："乔治，你是了不起的人。"

"哦，不，我深知自己才能有限，只有坚定意志，从不顾虑。或许，这让我的奇迹发生。"

是的，确实如此。乔治·马迪肯抱着梦想，秉持信心，期盼奇迹，具有使奇迹发生的动力，他唯一关心的问题就是怎样前进，向着目标争取哪怕是一丝一毫的进步。不管前方是高山、河流还是沼泽，他必须到达目的地。

第八章　坚持不懈地期待成功

成功来自我们对成功的信念。珍视你的梦幻与憧憬吧，因为它是你心灵的结晶，是你成功的蓝图。

"我是谁？我能做什么？"每个人迟早都会这样自问。发掘自己的长处，充分地发挥出来以服务自己，你就不再彷徨迷茫。

很多年前，考古学家在发掘埃及古墓的时候，偶然在一片碎木下发现了一些植物的种子。经过栽培，3 000 年前的种子竟然能生根发芽，茁壮生长！而芸芸众生——当他们尚未认识到自己的潜能时——难道会注定要在失败的阴影和绝望的幽暗中终其一生吗？难道我们心怀希望的种子，成功的渴求，就不能冲破逆境与不幸的铁甲吗？

音乐家贝多芬在他两耳失聪、穷困潦倒之时，创作了他最伟大的乐章。席勒被病魔缠身 15 年，却在此期间写就了他最好的著作。弥尔顿就是在他双目失明、贫困交加之时，写下他最著名的著作的。为了得到更大的成就与幸福，班扬甚至说："如果可能的话，我宁愿祈祷更多的苦难降临到我的身上。"

贫穷与苦难都是一种激励，能坚定人们的思想，发展人们的精力。钻石越坚硬，它的光彩也越炫目，而要将其光彩显示出来所需的琢磨也越有力。只有琢磨，才能显露出钻石的全部美丽来。

火石不经摩擦，不会发出火光；同样，人们不遇刺激，人体里的力量也将永远不会发挥出来。

许多人不到丧失一切、穷途末路的地步，就不会发现他自己的力量，有时灾祸的折磨反而足以使他发现真实的自己。困难与障碍，好似凿子和锤子，能把生命雕琢得更加美丽动人。一个著名的科学家曾经说过，每当他遇到眼看不能克服的困难时，总会发现新的神奇。

失败往往会激发人的潜力，唤醒沉睡着的雄狮，引人走上成功的道路。有勇气的人，会把逆境变为顺境，如同河蚌能将恼它的泥沙化成珍珠一样。

成功经由一连串的失败得来

我们常常在变，就像身体的细胞一样，几个月就新陈代谢一次。新的想法不断地出现，机会也不断地冒出，我们的大脑每天都在处理上千万个讯息，如果我们要掌握生命中许多的机会，同时又能够正常地思考，我们就必须实施以下这个基本的规则：生命是由试探和错误所串成的。

洛加尼斯是 20 世纪最伟大的奥运选手之一，他有一次告诉我，上百万的观众也许都看到裁判给选手某次的跳水满分 10 分，但是没有人看到他练习时上千次不完美的跳水，这上千次不完美的跳水，才是造就那一次得到 10 分满分机会的最大功臣。

真正的成功，经常是由一连串的失败而来。

如果我们不愿意实验、不愿意尝试、不愿意失败，就不会成长。

看看外面，大自然从第一个细胞分裂开始，就不断地自我修正，成功地适应不同的情况，如今的大自然，跟几亿年前已经有很大的不同。地球上的生灵万物现在的模样，也都是适应环境而演化的结果。响尾蛇不是眼镜蛇，更不是一只虫子。你曾经看过两棵一模一样的树吗？鳄鱼跟变色龙一样吗？老鼠是仓鼠吗？如果我们的老祖先没有尝试过那么多次，没有失败过那么多次，你我就算现在能够存在，今天晚上可能还笨到朝月亮丢石头，想要赶走遮蔽月光的云哩！没有失败，生命不但没有生命力，更会非常无趣，同时也会丧失学习的机会。重要的不是我们有没有失败过，而是了解并利用每次失败给我们的机会。

一个涉世不久的青年，找到的第一份工作是当上门推销员。虽然他工作十分认真，苦口婆心，不厌其烦，但几天下来，跑了许多人家，均遭到拒绝，他似乎丧失了信心。一天回家，他把此事告诉了他父亲，父亲对他说："你如果将失败相加，就会感到越加越多，越加越没有信心。你应该想，自己每失败一次，今后就少了一次失败，这样你就会感到失败是越减越少，成功也就会离你越来越近。"果然，青年人改变了心态，以一种全新的精神面貌投入了工作。他每遭到一次拒绝，就庆幸自己减少了一次失败，又向成功接近了一步。他每天满怀信心地

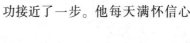

出门,高高兴兴地回家,锲而不舍,"精诚所至,金石为开",终于他成为一名成功的推销员。

其实,失败并不可怕,尽管它会给人带来懊丧、烦恼,甚至痛苦,但是,它像一块砺石,会磨砺人的意志,锻炼人的品格,鼓舞人的勇气,激发人的智慧,最终使人成就伟大的事业。对待失败的心态,是考验一个人品格和意志的试金石。哲人说:"任何成功的链条,都是由一个又一个失败的环节焊接而成的。"从一定意义上说,没有失败,也就没有成功。遭遇一次失败,就灰心丧气、悲观失望、怨天尤人、不敢直面人生的人,他们不了解,失败是一块石头,对于意志薄弱者,是一块难以逾越的绊脚石,而对于勇于进取者,则是一块成就事业的垫脚石,他们也不懂得,有的人正是在试图绕过失败时,与成功失之交臂的。

对待失败的办法只有一个:满怀信心,再试一次。

清楚的头脑产生强大的力量

那是个冬天的晚上,在克里夫兰市,风很大且天气寒冷,大风卷起了雪,打在犹克力德大道上,在街灯的光影中飘舞着。

我的计程车因红灯停了下来。我看到街角有一个加油站,挂着的一块长广告牌在风中挣扎着,上面写的是某种牌子的机油有多好,这些字很大,很动人——"清洁的引擎才能产生强大的力量"。

我要去一家戏院向3 000多位推销员发表演讲,而这个广告牌子上的话便成为当晚我演讲词的一部分。我演讲的主题是一个人成就的力量常常为紧盘在头脑中的错误思想给抵消掉了。"一个清楚的头脑,"我说,"才能产生强大的力量。"

我建议说,如果听众中有人因为没能发挥出潜力,而无法获得什么成就,那可能是他的头脑引擎不够清洁,或许需要用些智慧的清洁剂来清洗一下,把那些陈旧的、疲倦的、无精打采的、虚弱的自卑、愤恨、消极和爱唱反调的想法清洗掉。这样把头脑引擎清洗干净,可以使它产生最大的力量。

我跟英国出版家和曾经提任过内阁部长的贝维布鲁克爵士只是浅识而已,而他却把他所写的一本书《成功的3把钥匙》送给我。书中他以哲学和现实两方面来讨论怎样成功这个问题。他认为成功的3把钥匙是判断、勤勉和健康。

"一个人有了这3把钥匙中的两把,可能就会有不错的成就,但是除非他这 3 把钥匙全有了，否则的话他就不能够达到最高的成就。是不是也有例外呢？我能够想到的只是一个伟人，"贝维布鲁克爵士说，"他就是小罗斯福总统。罗斯福虽然不够健康，但是他是一位伟人，不过如果他没有小儿麻痹的毛病，他可能会更了不起。"

"在另一方面，温顿斯·丘吉尔之所以能够创造出惊人的伟业，就是因为这 3 把成功的钥匙他全有了——智慧的判断、极度的勤勉和最佳的健康。他是具有了这 3 把基本钥匙而获得成功的最了不起的例子。"

成功的 3 把钥匙，也就是 3 个了不起的特质——判断、勤勉、健康。"而其中最重要的是判断。"英国近代史中最成功的人之一这么说。在第十一章中，我们将讨论在创造性的生活中健康的价值，而本书从头到尾都强调勤勉的重要性。因此这里，我们要集中讨论使一个人能充分发挥能力的因素——受心智因素影响的判断力。

判断是一种心智活动的过程，是以冷静、合乎逻辑和有秩序的方式去思考，以及下决心的能力。好的判断可以减少下决心时的错误因素，而从长期来看，成功与否是依所下的决心正确的百分比而定。不管在何种行业中，如果我们期望获得成功，我们就必须要把任何妨碍正确判断的因素消除掉，或至少降低到最低程度。因此有控制的心智活动就极为重要。

一个头脑清晰、判断力很强的人，一定会有自己坚定的主张，只要是计划好的，合乎逻辑的事，他们一定要勇往直前，毫不退缩。

知道"我是谁"

我们通过自我发现，才能够获得真正的信心，而真正的信心，只有从真实的自我被他人接受中得来。

但是我们到底是谁？

叔本华曾说过一句话："为什么世上虽有镜子，但是人们却不知道自己的样子。"也许有些时候，我们真的需要别人帮助我们探索真实的自我。

珍妮丝·康诺利的学生们永远都忘不了她，因为她让他们知道了自己的样子。直到现在，一想起第一天当老师的时候，珍妮丝仍会发笑——

我开始教书的第一天，课程进展得相当顺利。我信奉一种对待学生要向驯马师对待烈马一样的哲学，然后我上了这天的最后一堂课——第七堂课。

我走向教室时，就听到课桌椅碰撞的声音。在转角处，我看到一个男孩把另一个男孩按在地上。

我如临大敌般地要他们停止打斗。忽然间，有14双眼睛盯着我瞧。我知道我看来不太自信。这两个男孩互相看了一下，又看看我，慢慢地回到座位上。这时，对面班级的老师把头倚在门边，对我的学生大吼，要他们坐下，闭嘴，叫他们照我的话做。这让我感到自己懦弱无力。

我企图把我准备的课程教给他们，但却面对了一群不友善的面孔。课程结束后，我叫那个参与打架事件的男孩留下来。他叫马克。

"女士，别浪费你的时间了。"他告诉我，"我们都是白痴!"然后他就扬长而去。

白痴?那个词在我脑子里啪啦作响——我知道我必须采取某些非常手段。

第二天，我要求我的同事别到我班上来，我必须用我自己的方式处理。我到了课堂上，正视每个学生，然后在黑板上写下 ECINAJ 几个字。

"这是我的名字，"我说，"你们可以告诉我这是什么意思吗?"

他们告诉我，这个名字怪里怪气，他们从没见过。我又到黑板上写字，这次写的是 JANICE，几个学生念出了这个字，送给我一个带笑的眼神。

"你们是对的，我叫 Janice。"我说，"我有学习上的障碍，医学上叫'难语症'。我开始上学时，没法正确拼出我的名字。我不会拼字，数字更把我搞昏了头。我被贴上'白痴'的标签。没错——我是个'白痴'。我还可以听到那些可怕的叫声，感觉到那种难堪。"

"那你为什么会成为老师?"有人问。

"因为我恨人家这么叫我，我并不笨，而且我喜欢学习。这就是我要讲的这堂课的内容。如果你喜欢'白痴'这个称谓，那么你就不该听下去，换个班级吧!这个房间可没有白痴。"

"我也不会让你轻松如意，"我继续说，"我们必须加油，直到你赶上进度。你们会毕业，我希望你们有人会上大学。我不是在跟你们开玩笑——那是我的承诺。我再也不要听到'白痴'这两个字了。你们了解吗?"

他们似乎严肃了些。

他们确实很努力，而我不久以后也兑现了承诺。马克的表现尤其出色。我听到他在学校里告诉另一个男孩子:"这本书真好。我不再看小孩子的书了。"他手上拿的是《杀死嘲笑鸟》。

过了几个月,他们进步神速。有一天马克说:"可是他们还是认为我们很笨,因为我们说的话不太对劲。"我等待的那一刻到来了。现在我们开始一连串的文法研习课程,因为他们需要。

可是6月到了。他们的求知欲依然强烈,但他们也知道我将要结婚,离开这个州。当我在课堂上提到这件事时,他们很明显地骚动难安。我很高兴他们变得喜欢我,但气氛似乎不太对,他们是在为我即将离开学校而生气吗?

在我上课的最后一天,校长在学校入口大厅迎接我。

"可以跟我来吗?"他说,"你那一班有点问题。"他领着我走向教室时正视着前方。

到底出了什么事?我很犹豫。

我太惊讶了!在每个角落、学生的桌上和柜子里都是花,我的桌上放了一个巨大的花篮。他们是怎么弄的?我怀疑。他们大多家境贫寒,必须靠勤工俭学才能赚得温饱。

我哭了,他们也跟着我哭。

之后我才知道他们是怎么弄的。马克周末在地方上的花店打工,看见我教的其他几个班级订下了订单。他提醒了他的同学。骄傲的他们不

想被贴上"穷人"的标签,于是马克要求花商把店里所有"不新鲜"的花给他。他又打电话给殡仪馆,解释说,他们的班上要把花送给一位离职的老师,于是他们答应把一个葬礼后用完的篮子都给他。

那并不是他们送给我的唯一礼物。两年后,14个学生都毕业了,有6个还得了大学奖学金。

有的人很早就能找着自己,认识自己,有的人要晚些才能找到。一个人要判断正确,有思考的能力,向前行进,他必须要在某些时候找到他自己。他得知道"我是谁"、"我是什么样的人",以及他在什么工作上能够做得最好。简而言之,他必须要变成一个能实现自我的人,能够做出健全的判断和客观评价的人。

把自己组织起来

一个身处逆境却依旧能含着笑的人,要比一陷入困境就立即崩溃的人,获益更多。处逆境而乐观的人,才具有获得成功的潜质。有好多人往往一处逆境,便立刻会感到沮丧,因为他们深恐达不到他们的目的。

阻碍人类成功最坏的敌人,便是思想的不健康,便是以沮丧的心

情来怀疑自己的生命。其实，生命中的一切事情，全靠我们的勇气，全靠我们对自己的信仰，全靠我们对自己有一个乐观的态度。唯有如此，方能成功。然而一般人处于逆境的时候，或是碰到沮丧的事情之时，或是处于充满凶险的境地时，他们往往会让恐惧、怀疑、失望的思想来捣乱，丧失了自己的意志，使自己多年以来的计划毁于一旦。有很多人如同从井底向上爬的青蛙，辛辛苦苦向上爬，但是一旦失足，就前功尽弃。

突破困境的方法，首先要肃清胸中和成功对立的消极意识；其次要集中思想，坚定意志。只要运用正确的思想，并抱定坚定的信念，就能摆脱一切逆境。

一个在思想心智上训练有素的人，能够做到在几分钟内就从忧愁的思想中解脱出来。但是大多数人的通病是：不能排除忧愁去接受快乐；不能消除悲观去接受乐观。他们把心灵的大门紧紧地封闭起来，虽然费力地在那里挣扎，却没有什么成效。

人在忧郁沮丧的时候，要尽量改换自己的环境。无论发生任何事情，你对使自己痛苦的问题，不要过多考虑，不要让它再占据你的心灵，而要尽力想着最快乐的事情。

对待他人，也要表现出最仁慈、最亲爱的态度，说出最和善、最快乐的话，要努力以快乐的情绪去感染你周围的人。这样做以后，思想上黑暗的影子，必将离你而去，而那快乐的阳光将映照你的一生。

我经常接触各式各样的人，我注意到有所创造的人，有极大成就的人，都可以用"有组织的人"来形容。所谓"有组织"，是指内心的组织，也就是心智、精神和目标能够协调一致。只有内心混乱的人才会失败，因为他们不能集中他们的注意力，于是一切似乎都远离他们而去，他们不够坚定，他们的方向模糊，他们的冲击力必然不足。

一个人必须要"组织起来"，然后他的为人处世的每一个因素才能够协调一致地运作，发挥出最大功效，然后才能成功。如果你能帮助一个人组织起来，你所看到的变化必定极为惊人。

要从生活中得到你所要的东西，你就必须为你的努力定出方向。还有，要知道你想做什么、你做什么最好也极为重要。这是集中精力和组织起来的一部分。对这一切还必须加上深深的欲望，一种驱策力，愿意去工作、工作、工作——永不、永不、永不放弃。永远都要记住，放弃的人永远不会赢，赢的人永远不会放弃。对永远想不到失败，而且也不打算失败的人来说，这是第一要项。

专注于自己的追求

当心愿无法达成时，人们或多或少会自暴自弃，变得不在乎、不奢求、没有信心、失望沮丧。然而在成功的道路上，希望却是重要的动力：没有希望，我们就感受不到内心的渴求。

信赖、进取心与欲望是成功的主要动力，三者缺一不可。我们必须忠于自己的感受、确知自己需要什么，成功的动力才会为你推波助澜。

当你明确地知道了你需要什么，你就在实际上确定了你的追求，你就应时时在信念的驱使下，检视目标，并以最佳状态，信心十足地全力冲刺。

如果你真的很想要一样东西，这种强烈的欲望会使你心愿成真。欲望的力量是无穷的，这就是我们常说的意志力，它能引领我们上天堂或下地狱，成败与否全凭意志力。欲望越强烈，我们越知道该如何达成心愿。

当你遭遇挫败时，专注于自己追求的信念会帮助你挣脱负面情绪的桎梏，使你很快就将失败抛在脑后，继续奋斗。只要你专注于自己的信念，你就会从中享受生命的喜悦。

控制心智的力量

控制心智是成熟的、具有创造性的判断的秘诀。你的心智是设计来为你服务，而不是来摧毁你的工具。如果你不善加控制，你的心智就很可能使你受到很大的伤害，但是在控制之下，你的心智可以发挥出无限的力量。任何地方的人们之所以失败，只是因为他们不能主宰他们的心智。

所以，你不必认为失败会接踵而至，我知道这是一项事实而非理论。我如此坚信的理由是，因为有很多人令人信服地展现了使失败转为成功的能力。当然，成功并非唾手可得，但是，只要你肯努力，成功仍会到来。这是最重要的一点。当你下定决心，真正决定之后，你认为失败不会再来，并且确实执行本章所说的原则，毫无疑问地，你将不再遭遇任何失败。

我们假设，你确实想改变失败的境况。你能运用哪些正确的方式呢？这里有一种简单却效果惊人的方法，它是一个积极的思想程序，分为第一步、第二步、第三步。如果能尽力去运用它，你几乎可以所向披靡，不再遭遇失败。这3步就是：

试，真正去尝试。

想，真正去思考。

信，真正去相信。

先说第一点：试，真正去尝试。这一点并不太吸引人，因为尝试会非常艰辛，只有为数极少的人愿意去尝试。即使有人肯尝试，也往往无法持之以恒。

生命赋予了你巨大的精力和能力，只要多努力一点，就可以获取这些能量，就像汽车的加速器一样，只要我们用力踩下去，便会产生巨大的冲力。人也是一样，只要我们多督促自己一些，便会发现自己潜藏着无限精力。我们很少推动自己穿透疲乏的层面，发掘内部隐藏的潜力。如果能真正去推动自己，必会得到惊人的效果。

秘诀是，你必须全身心投入。实际上，我们很少将所有的心力发挥出来，特别是所有的精神潜力。同时我们也必须承认，我们很少全力以赴去解决问题。通常只有在遭遇重大困难时，才会被迫如此。如果你试着用全部心力去应付困难，你会对自身潜在的精神力量感到惊讶。

克服困难的第二个重要步骤是真正思考，认真积极地思考。我确信积极思想的力量惊人，任何失败均能通过积极思想来解决。你能以积极思维来解决任何问题。

当消极思想进驻了我们内心时，我们应该排除这种有毒的想法。萨拉·乔丹博士是波士顿拉伊医疗中心的创办人之一。他有一句话说得很好："每天都应该给脑子一点香波。"多么精辟的思想！他要人们把消极思想所带来的灰尘污垢去除掉，每天都以清醒的头脑开始新的一天，这睿智、清新的思想，将会引导你走上成功之路。

最后，我要谈的是"信仰"，真正地相信。相信谁呢？当然是相信自己。相信你会成功，这种信念会使你取得你期待的胜利。为什么《圣经》以大量篇幅谈论信仰？因为如果你真诚地相信，你便可以干成许多伟大的事。唯有你相信你能，你才能真正地做到。信念开启了创造性的有力的大门，即使在最困难的环境中，它仍然能带来巨大的力量。

一个会取得成功的年轻人也会看到困难，他却从不惧怕困难，因为他相信自己能战胜这些困难，这些困难在他面前算不了什么。他相信一往无前的勇气能扫除这些障碍。有了决心和信心，这些困难又能算什么呢？对拿破仑来说，阿尔卑斯山算不了什么。并非阿尔卑斯山不可怕，冬天的阿尔卑斯山几乎是不可翻越的，但拿破仑却觉得自己比阿尔卑斯山更强大。虽然在法国将军们的眼里，翻越阿尔卑斯山太困难了，但是他们那伟大领袖的目光却早已越过了阿尔卑斯山上的终年积雪，看到了山那边碧绿的平原。

乐观地面对困难，多一些快乐，少一些烦恼，你会惊奇地发现，这不仅会使你的工作充满乐趣，还会让你获得幸福。它把忧虑变为快乐，驱除工作中的痛苦，让生活中充满惊喜。它比金钱更有价值。你会发现，自己成了一个更优秀、更完美的人。你用充满阳光的心灵轻松地去面对困难，保持着自己心灵的和谐。而有的人却因为这些困难而痛苦，失去了心灵的和谐。

因此，你可以根据这 3 项原则重新审视你的失败。试，真正去试；想，真正去想；信，真正去信。将这些原则真正运用在你的挫折上，一切失败均能克服。当你能够借着这些积极的、有创意的想法去努力时，你便可以完全发展自己，再也不会被失败打倒了。

渴望而没有斗志无效

潜意识里不敢相信的东西，勉强当作目标的话，有时会发生意外。可是人人都有越压抑越想那样做的倾向，譬如有的人会无论如何都有"想看看"、"买来看看"这种无法压抑的愿望，这就叫做渴望。人在渴望时，热情正燃烧，所以用那种渴望来设定目标也是很好的。

当然，只有渴望而没有斗志还是不行的。既然对某种事情燃起热情，就应该有向它挑战的欲望才行。

渴望而且有斗志时，也就是欲望极旺盛的时候，信念缺乏也没关系。所以多多少少和自己实力不相称的事，也可以拿来当作目标。

如果你的自我意识非常强烈就容易获得成功。反之，当自我主张动摇时，若能把自己的外观和意识都变得使自己满意，即可恢复自我。

自我是非常个人化的主观意识，你必须拥有强烈的渴望，同时拥有正确提升自我的方法。如果你能发现一个最适合本身的方法，就等于是挖掘出了美妙的事物。

人生就是这样，能使自己成功的机会很多，这些机会大多出现于人遭遇逆境时。如果顽强地把自己置于逆镜，斗志和热情的燃烧就会产生力量，从而产生意想不到的结果。一旦经过这种事，人类生命的发动机就会启动，自信也会产生。面对下次设定的更高目标，挑战的勇气也会涌出，所以就会燃起向目标挑战的欲望。

爬起来比跌倒多一次

在首都华盛顿的一次演讲中，西奥多·罗斯福说："我希望每一个美国人都有坚强的意志，决不被生活中暂时的挫折所吓倒。每一个人都会遭到打击，请你从失败中奋起，去拥抱胜利吧！"

"从失败中奋起，去拥抱胜利。"这就是千百万勇敢而高贵的人取得成功的秘诀。

在拿破仑12万军队被奥地利的75万军队打败后，他对他的士兵们说："我对你们非常失望。你们既没有纪律，也没有勇气。这里本应一夫当关，万夫莫开，而你们却一败涂地。你们不配做法兰西的战士。"

这些面容凄惨的老兵眼含热泪回答说："您错怪我们了，敌人的军队是我们的几倍啊！再给我们一次机会，派我们去最危险的地方，看我们是不是勇敢的法兰西战士。"在第二次战役中，他们成了先锋部队。靠着无坚不摧的勇气，他们打退了奥地利军队，实现了自己的诺言。

有的人像尤利西斯那样，无论是在战场上与敌人作战，还是在处理民事纠纷中，都能够为了自己所爱的人勇敢战斗，反对邪恶，即使面对死神也毫不畏惧。只有这样的

人才能绝处逢生。只有像拿破仑那样拒绝承认失败，甚至宣称自己的词典中没有"不可能"这个词的人才能成功。

你或许会说，你经历了太多的失败，再努力也没有用，你几乎不可能取得成功。这意味着你还没有从一次失败的打击中站立起来，就又已经受了另一次打击。这简直毫无道理！只要自己永不屈服，就不会有失败。不管你失败多少次，不管时间早晚，成功总是可能的。

对于一个没有失掉自己的勇气、意志、自尊和自信的人来说，就不会有失败，他最终是一个胜利者。

如果你是一位强者，如果你有足够的勇气和毅力，失败只会唤醒你的雄心，让你更强大。比彻说："失败让人们的骨骼更坚硬，肌肉更结实，让人变得不可战胜。"

有些很平凡的年轻人经历了突如其来的深刻痛苦，或巨大的不幸，却生出了自信的力量、进取的精神和与困难格斗的能力。以前他甚至不曾梦想过自己有如此的才能，认识他的人也未曾想到他如此出色。但环境的压力迫使他做出了惊人之举，而在以前安逸和奢华的环境中时，他不曾知道自己真正的力量，直到灾难来临的时候才发现真正的自己。

在我们的天性中，有一种生活

赐予的力量。这种力量是我们所不能形容，不能解释的，它似乎不在我们普通的感官中，而隐藏在我们的心灵深处。当我们处于危急状况时，那些潜藏在我们内心的精神力量，那些我们在日常生活中不曾被唤起的精神力量，使我们成为一个巨人。那些充分地利用了这种力量的人是不会失败的。对一个永不言败的人来说，对于那些真正意识到自己力量的人来说，失败永远不会光顾他们；对于一颗意志坚定、永不服输的心来说，永远不会有失败；对于一个跌倒了再爬起来，对于一个即使其他人都退缩和屈服了，而他永不退缩、永不屈服的人来说，永远不会有失败。有多少次，困难降临在我们头上，我们一开始以为是灭顶之灾，我们感到恐惧，我们的雄心受到了打击，面对灾难，我们似乎无法逃脱，胆战心惊。然而，突然间我们的雄心被再次激起，伟大的内在力量被唤醒，结果化险为夷，一切都只是一场虚惊。

伦敦公园巷里的汉堡

决定任何行业或者任何个人成功与否的 6 个重要的词是 "Find a need and fill it（找出需要，满足它）"。做真正可以满足需要的事，你就会发现你的许多需要都将得到满足。

我要从这一代中挑一个令人惊奇的故事为例。

你会相信吗？巨大的汉堡、令人流口水的冰淇淋，以及真正好的美国式苹果派吸引住了伦敦青年。每天中午和晚上，他们会涌到位于伦敦西端上流社会住宅梅费区中心时髦的公园巷的硬石餐厅。

但是餐厅内部却没有什么时髦可言，只是在以往展售劳斯莱斯汽车的一间房子里放些用餐的设施。没有地毯，没有装潢，只有桌子和椅子。但是老兄，里面的东西真好吃。

还有另外一样好东西，气氛——太好的气氛，快乐活跃的气氛。如果你喜欢摇滚音乐，那正是一个好地方，而且真是热闹。对我来说，我去那里当然是为了那里的食物，至于摇滚乐——一点点也就够了。

田纳西州杰克森市的以撒克·泰格瑞特是发展出这宗独特生意的青年。我上次看到他的时候，他留着一头长头发，一脸的络腮胡子，胸前挂着许多链子和假勋章，一身典型的嬉皮士打扮。

但是他有商人的敏锐触觉，他的伙伴也一样，不到一年他们就赚了不少钱，但是金钱并不是他们真正要追求的。他们的目标是要找到真正的自我，并且为大众做些事情。

以撒克招聘女招待的广告也不同于传统。"不到40岁的人用不着来应征，必须是老式的母亲型，经验不重要。"有个丰满美丽的中年女士来应征："你们这些小男生要找老式的南方女人吗？我就是这种人。"他们立刻就雇佣了她。这些女招待喜欢这些"小男生"，从这些小男生故意和她们捣蛋来看，他们也真喜欢她们。

以撒克在伦敦找不到符合他田纳西州标准的冰淇淋，他就自己试做，而且创出了自己的牌子，此种美味只应天上有！他的祖母提供了他做苹果派的法子，他母亲则提供生菜调味佐料的制作方法。在公园巷的田纳西州食品竟然成为伦敦"时兴"的东西。

有充分供应的美国冷饮，极好的高杯"奶昔"也几乎是每个客人必点的东西。

餐厅的墙上没有挂什么东西，只挂了几块牌子，上面大力宣称田纳西州食物的好处。但是最大的牌子上面却是这样写着："大麻烟——青年人的暗杀手。"

硬石餐厅也是一个消除代沟的好地方。成年人以及像我这样的冬烘先生也真正喜欢这地方。凡是太阳能照到的各式各样的服装也都在这个地方展现。我是有一点老古董，因此我穿的是运动装上衣，不打领带，但是谁会在乎呢？我并没有格格不入的感觉。他们一样很好地接纳我。

以撒克以及其他许多人，都是深沉而有思想的人。他们从眼前的问题去思考，而当一个人真正用脑筋思考的时候，他就一定不会出毛病。这也说明了像以撒克这样的人，不论是长头发或短头发，我们的青年还是有些"料"的。他们有建设性的规划生活的本事。以撒克发现了一项需要，就去满足这需要。如果你认为你能够，你就能够，你认为你行、你就行。

你到哪儿去

我们所有的人都必须与逆境奋战，因为逆境是生活中不可避免的部分。但如果我们在心中有个目标，就像是提出一个飞行计划，并以直线的路径稳定地朝前方飞去。如果我们能够坚持稳定的心态向着目的地前进，如果有乱流来袭，我们就飞得更高或平稳地穿过它。

如果你知道你要往那里去，并有强烈的动机要到达那里，你就更能坚持去处理琐碎细节和解决问题。同样的，如果你是一个不屈不挠的人，你将能够坚持你的目标和动机而不在意会有什么问题产生。坚持和动机是密不可分的。

几年以前一位年轻人在马路上拦住我。"我要到某个地方去，总要到某个地方去。"他问，"我怎样才能做到？"

"你要到哪里去？你说说看。"我回答他。

"哦……"他犹豫着，"……我就是不知道究竟要到哪儿去。"

"你怎么会不确定？你总有个大致的概念吧？"我问。

他仍然不能确定他的目标，一切都模糊而不确定。

因此我尝试另一个途径。"你做什么能够做得最好？你有什么特别的技术？"

他的回答很不肯定。他不知道他究竟能够做什么，我想他不认为他有能力做任何事。

"好吧，我们换个方式来谈谈，"我说，"你喜欢做什么呢？如果你能够获得你真正想要的，你会真正热心地做的一类工作，这一类工作会是什么？"

他再一次摇摇头。"我从来没有想到这些。我就是弄不清楚我要什么。"

如此一来，这位青年"要到某个地方去以得到一席之地"，却又不知道他究竟要什么。甚至他不知道自己能够做什么，不知道要做什么。当然，我的建议是要他先确定他能够做什么，其次是选定一个他能够去追寻的目标，然后努力工作，坚持追寻下去。

另一对年轻夫妇的情形就不一样了。他们有确定的目标，并且克服了很多很大的困难而完成了目标。现在让我们就从妻子的来信中了解他们的故事：

"在我上高一的时候，我们学校的乐队去纽约表演，而在星期天，我们听到你的演说。那大概是14年前，而那天早晨却是我一生的转折点。我认识到我内心里具有我以前从没想到的更大的东西。"

"一个人的心智想法就好像是河水一样，如果没有控制就会乱流一通。那天早晨我学到一个人必须要决定他要追寻什么，而且不可退却。我因此而成为抱有积极想法的人。"

"我和丈夫结婚的时候，我知道他是个好青年，有很大的潜力。（抱有积极想法的人应当这样想吧）我要帮助他读完大学，帮助他上法律学院，并且告诉他这是我们必须要做的事。我这个妻子还不错吧？"

"我们没有钱，但是我们有最重要的东西——信念。我们有抱负，并且相信我们能够实现。我在一家成衣工厂工作，缝了4年衣服。如果你从来没有做过按件计酬的工作，你就不会了解为了一天要缝79打牛仔裤的前片，你要怎样鼓起体力来配合这种快节奏。我不想详细说明我们是怎样克服所有的困难，使丈夫能读完法律学院的，但是我要说两年以前我们还睡在纸盒子里，而我们并非嬉皮士。"

"我们一个月只有 200 美元，而我们有 3 个人。我们有一个儿子，现在已经 7 岁了。我们这样子过了 6 年，但是现在我丈夫已经在两个州通过了律师考试，并且开始执业。我是他的秘书，我们刚刚开始起步，但是他的第一个目标是做律师，如果没有信念做我们的伴侣，我们怎么能够达到这个目标呢？"

真是了不起的女人。她相信自己，也相信她丈夫，他们知道他们内心里有某些东西，只要他们努力，他们就可以把他们的梦想实现。他们从来没有想到失败，他们只是努力前进。

要做到这样的坚毅，首先要认识你的需要，保持高度勇气，继续下去，坚持不放。不要想到放弃。前进可能很不顺利，但是像这位年轻女人和她的丈夫一样，如果你记住你是为一件很大的事情而努力，你就会通过考验，继续集中精力在这件事上。

记得贝维布鲁克爵士说的成功的 3 把钥匙吗？在判断和健康之外还包括勤勉。精力和活力极为重要，因为这些可以使你为达到你的目标而前进、奋斗和持续工作下去。

信心加行动等于成功

克服任何形式的失败的一项决定性因素是具有冲劲和积极性的想法。正如我们在其他地方也说过的，抱有消极态度的人会发出消极的想法，使得他四周的世界也变得消极，因此他收回来的也是消极的结果。相反地，抱有积极态度的人发出积极的想法，使得他周围的世界也变得积极，因而回收的也是积极的结果。正如同类的鸟会飞在一起一样，想法也有同样的作用，也会产生出同类的想法。消极的想法结出消极的果实，积极的想法结出积极的果实。

赖瑞·温吉特在创办电讯公司时，雇佣了一名牛仔。这个牛仔不仅使公司的贸易额大大提升，而且他的成功还使赖瑞认识到他就是不靠任何环境、教育、技能和能力而成功的最好证明。他更证明了：我们通常忽略或认为理所当然的成功原则是必需的。这些都是你想成功的必要原则。

3 年后，这个牛仔拥有赖瑞·温吉特公司的一半股权。在另一年年底，他又拥有了其他 3 家公司。那时他们成为了彼此的事业伙伴。牛仔开着一辆 32 000 美元的人货两用车。他穿着价值 600 美元的牛仔式套装、500 美元的靴子并戴着一只 3 克拉的马蹄形钻戒。他的事业已经很成功了。

牛仔是怎么成功的？因为他努力工作吗？这确实有帮助。他比别人聪明吗？没有。在刚开始他对电讯事业一无所知。那是什么呢？我相信是因为他"想要成功"——

他执行目标，并坚持不懈，这对他而言并不容易。他也经历过挫折。他比任何推销员都吃了更多次的闭门羹，被挂断过更多次的电话，但他绝不因此停下脚步，他继续往前走。

他要求。他确实会要求！首先他要求我给他机会，然后他要求每个人，好像他们都要向他买电话系统一样。他的要求兑现了。他常说："猪偶尔也会捡到橡实吃。"这意味着，如果你不懈地要求，最后，人们总会答应。

他愿意改变。再做同样的事他会得到不一样的结果。他想做应做的事使自己成功。

他有见识与目标。他看待自己像看待一个会成功的人。他把目标分门别类写下来。他写下 4 个要完成的目标并把它贴在自己面前的墙上。他每天都看得到，而且聚精会神地执行。

最重要的是，牛仔每天都像胜利者一样地开展工作！他会敲敲前门，希望有好事发生。不管发生任何事，他相信事情都会跟他想象的一样。他不预计失败，只期待成功。我发现如果你希望将成功付诸行动，你多半会成功。

我有一次听到一位心理学家讲话，他说人的本性有一种深厚的倾向，那就是我们如果常常"想象"我们将会是什么样子，我们将来就会成为那种样子。正如同我们以前所指出的，我们把自己看成什么样子，我们就会变成那种样子。麦斯威尔·马尔兹博士在他所写的《成功的新观念》一书中曾经详细描述出，自我想象是决定我们将来会变成什么样子的决定因素。

如果你过去的自我想象是卑屈，认为自己不行，命定失败，这种自我想象还是可以改变的，而在这种想法改变之后，你也会跟着改变。失败的想象就会远去，而由"我能够做到"的自我心像取而代之。

正如美国思想家威廉·詹姆士所告诉我们的，所有发现之中最伟大的发现就是：人可以经由改变他的心智思想态度，进而改变他的生活。

第九章　内心是全部的资源

> 要相信你内里所具有的能力足以处理来到你面前的任何问题，永远别跟自己过不去，不要小看自己，要认识到你比你以前所认为的还要了不起。
>
> 相信在你的心智里面有着天赋的你所需要的一切智慧。你可以用信心和知识来增强你所有的智慧。

你所需要的全部资源都在你的心智头脑里，它们在你的意识中等待你的召唤。这是真实的，但困难的是意识心智总是以 5 种感官的感觉和对事物外表的印象，来干扰这种智慧，而导致错误的信念、恐惧和意见。

当恐惧、错误的信念，以及消极、否定的模式经由心理、情绪的作用印到你的潜意识中时，潜意识没有其他途径可循，只有按照提供给它的蓝图规格行动。

你内心的自我，会不断地为你的全部身心的好处而工作，反映所有事情背后的天赋的和谐本质。

你的潜意识有它自己的意志，而这种情形本身，就是一种真实而了不起的事。不论你是否能影响它，它都不分白天黑夜地为你发挥功能。它是你身体的建造者，但是你看不到、听不到，也感觉不到它的建造工程，因为这一切都在悄悄地进行。

你的潜意识有它自己的生命——而它的生命乃是趋向于和谐、健康、和平的。这是它里面神圣的标准，时时刻刻企望能由你表现出来。

你可以拒绝消极、否定的思想和想象。排除黑暗的最好方法，是和光明在一起；克服寒冷的途径，则是站在热的那一边。要想克服否定的思想，就代之以好的思想。肯定好的，不好的就会消失。

罗斯福上校帮了我

我永远都不会忘记我发现这种事实的时机。只有在最困难的危机中这项真理才能显现，而从那以后这项真理就一直帮我很大的忙。我那时候很年轻，刚刚离开大学不久，有一天我发现我处在困境中，需要快速地思考。

那时候第一次世界大战结束好几年了，身为纽约州金氏郡美国退伍军协会的牧师，我受邀在5月的一个星期天下午到布鲁克林的期望公园去，在一项纪念阵亡将士日集会中做安魂祈祷。

我走向讲台，向主讲者介绍我自己。主讲者是小罗斯福总统的儿子罗斯福上校，后来在二次大战中晋升为将军，在诺曼底滩头阵亡。我告诉他我是来做安魂祈祷的。

然后我坐了下来，拿起一份节目表来看。使我惊愕的是我看到表上所列的并不是我要做的安魂祈祷，竟然是我紧接在罗斯福上校之后发表演讲，表上写着"金氏郡美国退伍军人协会牧师诺曼·皮尔演讲"。我猛吞口水，被吓呆了，根本没有准备演讲，我该怎么办呢？

我急忙去找典礼的主持人，告诉他说："这节目表有很大的错误。

我是应邀来做安魂祈祷的，但是这个节目表上却排定我演讲。"

"那么，"他认真地说，"如果表上排定你发表演讲，我想你也就只好照办了。"

"但是，"我抗议，"我怎么能发表演讲呢？要发表演讲事前总得有所准备才行啊。我一点准备都没有，我是没有办法的。还有，你看看有那么多人，这可不是儿戏啊！你得另外找个人演讲。"

我们这段谈话罗斯福上校也听到了。他以赞赏的眼光看着我。"怎么回事？小伙子，"他问，"你害怕吗？"

"害怕？还不止这样呢！"我坦白承认，"这么多的人把我的魂都吓掉了！还有，只有几分钟我怎么能想出一篇演讲来？这是不可能的。"

"哦，怎么不可能？"他说，"我看这样办。首先，别再对你自己说害怕，开始想想勇气，肯定你的信心。还有，我建议你不要再想你自己。你跟我过来一会儿。"

他领我到讲台前面，要我注意前面一大部分保留席位，坐的都是妇女。"你知道这些妇女是什么人吗？"他问。

"她们是'金星母亲'，也就是她们之中每一个人都在战争中失去了一个儿子。"

"她们在纪念阵亡将士日下午坐在这里，心里想的是不能再和她们在一起的爱子。她们或许还在追忆着她们的儿子小时候的情形，用手抱着他们，晚上哄着他们入睡。她们怀念她们的儿子，她们心痛，寂寞，又悲伤。对这些'金星母亲'难道你没有什么话可说吗？她们当然值得你敬爱。忘记你自己，开始对这些了不起的母亲多付出一些同情，然后站起来对她们谈谈。你可以不管其他的群众。你对这些母亲说的话都会打进这里每一个人的心里。"

"你办得到。"他肯定地说。然后他说出一句我永远都记在心里的话，那是有力而伟大的真理，他说："诺曼，你所需要的全部资源，都在你的心智头脑里。你利用这些资源，就一定可以做到你想要做到的事情。你要讲的话都在你的心中。放松你自己，开始思考，你要讲的话就会自动涌现出来。"

他最后又给我4个字："拿出勇气。"他关爱地拍拍我的背。

我深深吸了一口气，然后说："好吧，上校，我试试看。但是我不想长篇大论。"

"越短越好。"他微笑着说，"但是你要把你自己整个儿投入进去。送出你的敬爱给那些人，你就会排除掉你的畏惧。"

因此我发表了一篇简短的演讲。等到我说完回到座位坐下来时，罗斯福上校靠了过来，用手拍拍我的膝头："你说得太好了。真是非常感人。"我认为那篇演讲并没有什么了不起，也并非真的能够感动人心，但是自那以后我一直以敬爱的心记着那位伟大的人。

有一点他说得不错，当你依赖你的心智的时候，并且专注，你的心智就会涌出你所要的东西，而如果你能忘记自己，真诚地想做点事以增加别人的快乐，你的心智就更能发挥作用。

忘记你自己，想想勇气。相信你所需要的全部资源都在你的心智头脑中。这个公式很能够发挥功用，真正地能够发挥功用。

我们说你所需要的资源全部都在你的心智头脑之中，并不是说我们只依赖心智的机械作用。只有经由智慧，经由思考和信仰的能力，我们才能汲取到这种精神的力量。因此，所有资源中最伟大的资源，就是你内部的力量，也只有在以精神控制我们思想的前提下，我们才能够加以运用。

所有的力量和真理都已经随着你的出生而存在于你的内部。那么在什么地方呢？除了在你的心智头脑里，还能在哪里呢？那么，很明显地，说你所需要的资源全部都在你心智头脑里，也就包括了精神资源。

一个人如果接受劝告，精神上肯去思考，有信仰，并且相信，他的心智就能提升到更高层次，他的心智就能通达，发挥出它最大而惊人的力量。而力量会在各种情况中发挥功能，并产生良好的结果。

了解自己的方式

想象你自己站在一面布满雾气的镜子前面，把水蒸气擦掉，你看到自己了吗？现在，想象你努力地把镜子后面的银粉刮掉，让镜子变成一块玻璃。当我们能够看穿自己在镜中反射出的影像，当我们眼中所看到的以及心中所关心的不只是自己，当我们能够观察别人，从别人身上学习的时候，我们才算是真正的成人。像小孩学习信任一样，我们开始把雾气从镜子上擦掉；就像青春期的孩子忙着寻找自己的身份，我们注视自己在镜中反射出的影像；及至成人，我们接受真实的自己，无论自己有何缺点，有何污点，我们都能接受，这个时候，我们也才能够刮掉镜子后面的银粉。这世界是个竞争激烈，同时充满变

数的竞技场。唯有在我们学会语气肯定地说"我接受真实的自己"时，才算是做好走出自己、面对风险和损失的准备，也就是说，才算是做好晋升成人的准备。

我们通过自我剖析，才能够获得真正的信心，而真正的信心只有从真实的自我被他人接受而来。

但是我们"到底"是谁？

我们往往需要别人来帮助我们探索真实的自我倒是真的。但是，我们每一个人最后终究还是必须独自回答这个问题："我是谁？"

我深信，我们可以透过以下3种方式了解自己，我们对这些观念的反应，也有助于我们将自己的个性归类。

了解自己的3种方式

1. 独处时的我才是真正的我——内在的自我。

由先天遗传和后天学习到的能力，我的选择、我的感受、我的幻想和我的欲望等组合而成的复合体，才是原原本本的我。

2. 我所拥有的东西，才真正属于我。

衣服会破、房子会变旧、车子会生锈、财富会增加也会减少。许多你自认为拥有的东西，本质其实脆弱无比。只有那些存于你的心智头脑中的东西才真正属于你。

3. 我看来如何，是别人对我的看法。

但是，别人对我们的看法，比我们所死守的浮光掠影的一切，还要脆弱，而且常常更没有道理。所以你要知道，别人的看法常常以他自己为标准，因此往往并不切合你的实际。

我接下来要说的事情，可能会让你大吃一惊，同时也可能会让你松了一口气：我所知道最成功的人，都曾经跟自己交战过，战况之激烈，和我们比较起来，更加激烈。这些人士之所以成功，不在于他们内在的平和，而在于他们学会如何在一个高尚的目标下组织自己的生活，同时将注意力集中其上：孩提时期学习信任；青春期探索自我；成人期超越自我。

过去这几年来，许多人告诉我，他们想要快乐。但是我却知道，那不是他们要的东西。如果我说件有趣的事情，让他们开怀大笑，那是快乐，但并非是他们要的快乐。他们要的是自我实现。

我相信，最值得接受的挑战是那些最能让我们达到自我实现的挑战。如果我们拥有崇高的理想，在结果还没有产生之前，我们就已经成功了。

别跟自己过不去

在危急的时候，是什么东西给予一个人内心的力量呢？当然是信仰，再加上因思想而放射出来的心智里的资源。我要再度提到著名的哲学家和心理学家威廉·詹姆士，他说信仰可以创造事实。因此，最重要的是我们不要使我们的心智中没有信仰，同时我们要消除消极的想法。

好几年以前我的一位老朋友罗伯·劳布东给我指出了一个极有力量的真理——永远别跟自己过不去。有的时候，我们会觉得问题和困难要把我们压垮了，问题太棘手了，不如放弃算了。在这种时候，你一定要记住可以使我们鼓舞的事实，那就是我们所需要的资源全部都在我们的心智头脑里面，你内心里具有的能力，足以处理任何来到你面前的事情。还要记住，永远别跟自己过不去。不要再小看你自己。要认识到你比你以前所认为的还要了不起。不要等到面临危机时才认识和运用你内心的力量，每一天的每一个状况，都运用你心智里面的资源，然后你就有了准备，可以在危险来临的时候运用这些资源。例如法兰克就是这样。

法兰克真能处理难题。他显示出在危机来临的时候，一个人的心智对事情的展望可以成为左右他未来的决定性因素。

有一天他打电话给我。"近来一切还好吧？"我问。

"还好，"他回答说，若无其事地，"我丢了工作。"

对他这种毫不夸张的态度我反而大感惊异。他以前在他的公司中居于很高的职位，我知道他的上级都很欣赏他的表现。看起来他似乎应该是前途无量。但是，有的时候事情就是这样子，公司内部发生了政治斗争，结果他和另一位年轻的高级职员突然就被开除了。"事情就是这样，"他说，"我们两个就走路了。"

我表示感到很遗憾，也很关心，然后建议我们见面谈谈他的问题。但是他说他只是要我知道他的情况，为他"做一些积极的思考"。"我会有办法的。"他很有信心地对我说。

"我真佩服你的精神，"我告诉他，"但是你准备怎么办呢？"

"我现在还不确定该怎么办。等我有机会做一些建设性思考的时候，我会告诉你的。现在我需要的是新主意，新办法。请相信我，我正在汲取我头脑里所拥有的全部资源办法。"

这一次电话谈话是好几年以前的事情。这两位被开除的青年高级

职员后来所采取的不同方式，是个很有意思的例子，说明了一个人心智的展望确实可以决定他的前途事业。

法兰克从积极的观点来推理——"我的态度是认为这个不幸可以转变为幸运。我相信每一种不利都可以转化为有利。"此外，他保持客观，不怨天尤人。他集中精力于符合实际的思考。因此，他更发现了他的内在有着新的优点。由于他调整自己而深信会有更好的前途，结果是他摆脱了过去，而真的有了更好的发展。

他思考出了一个办法。真正用心思考，就一定会想出办法，就是最困难的问题，任何人都可以为自己想出摆脱的办法。

他的办法是写信给当地各公司的 100 位高级职员，信很简短，大致是这样："每一个商业机构都会不时地引进新人，或许贵公司可以用一名像我这样的人。随附简历，概述了我的背景、经历、培训经历和能力。我也有些缺点，我也坦白地列了出来。但是我相信我的优点胜过缺点。因此如果碰巧你们需要像我这样具有特别资格和经验的人，请尽快和我联络面谈……"他最后还加上一句："免得别家公司先用了我。"

这封很坦白的信吸引了好几家

公司老板的注意，结果他获得了好几个很好的工作机会。他接受的那一份工作比他原来的工作还要好，而他在工作上所表现出来的创意更使他稳定地获得晋升。由于他在心智上采取积极的态度，他发现在每一个不利的状况里，总存在着有利的一面。

和他同时失去工作的另一位青年怎么样呢？起初他的情况并不好。他沉湎于愤怒和怨恨中，把时间用在怨天尤人、忧虑以及酗酒中。结果怎么样呢？他使自己精神崩溃。不过他最后还是脱离了困境，摆脱了消极和愤恨，也开始培养起积极的心智态度。他得到的工作对他的条件来说是大材小用，但是由于他改变了态度他也开始向上升迁了，不过他已经白白浪费了许多时间和可能更好的机会。

挫折会降临在每一个人身上，这是自然的事，而且你当然一定会有因挫折而难过的时候。但是谁不是这样呢？不过如果你坚信任何逆境都可以转变成为对你有利的条件，那么你就获得了一个可供你使用的极大的心智宝藏。你要认清一个事实——你的未来不是由你不能控制的环境来决定的，而是由你能够控制的、你的适当的心智愿望决定的。因此，你真正能够决定你自己的未来。

你是你所有思想的总和

当我们面对失败时，若是心中产生自怨自艾的想法，将会招致严重的挫折感。这种否定的思绪会长久地深植在我们心中，而且不断地在我们的想法和行为上表现出来。一旦你的脑海中充满失败的感觉，你的外在行为将会表现得和你的想法一致，而且越陷越深。

自我肯定能诱发光明积极、活泼开朗的个性，从而渐渐奠定信心的基石，有了自信为基础等于向成为英雄豪杰的目标迈开一大步，因此而成功立业的典型真是数不尽。

既然你已经开始考虑诚恳的鼓励所具有的力量，希望你不要忽略：在你的生活当中，有一个人需要靠你的支持、鼓励和理解，才能走向成功，这个人就是你自己。

诚恳的鼓励是一种令人不可思议的手段，它不仅可以促使别人做出令你满意的事情，而且你可以使用这种力量帮助自己努力求得发展。

在你要挑自己毛病的时候，请记住上面这条公式。你要对自己有一个公正的态度，才能在对自己的热情赞许中发生改变，如果你想要尽快学会新的待人处世方式或新的本领，就要时常给自己打气。

特别重要的是要记住，在你失败或者失误的时候要宽容自己。正是在这种时刻，需要你尊重过去做出的努力，需要你相信尝试一定会得到报酬。假如你对待自己冷酷无情，你就会破坏自己的作为和进步。

要记住，消极泄气除了能够破坏你的信心之外毫无作用，而积极鼓励是确实起作用的。所以你要对自己加以鼓励，并且要大方地鼓励自己。在出了差错的时候，要为你在出差错之前所能够取得的成绩而肯定自己。

当你知道自己已经失败了的时候，给自己鼓励是很困难的。但是，一定要给自己鼓励！持消极态度是自我毁灭，因为消极态度会扼杀你未来做事的动力，并且使你没有能力改进自己。

要耐心地对自己说："我会很快摆脱这种情况，会一点一点锻炼起来的。"其实，要有所改变是不容易的。但是，如果你不对自己过多责备，对自己那些不适当的行为置之不理，改变就会来得较快，要记住：采取支持鼓励的态度能够使待人处世的方式趋于成熟。所以要集中精力注意你自己那些健康而积极的行为。

确立价值观以使你对自己负责

不要对自己的信仰或价值观感到怀疑，勇敢地去接受他们，你的价值观是极为可贵的。选定自己的信仰与价值观，并坚持到底。

你的价值观决定你的人格，价值观就像一个框架，可以影响你的选择、评定你的成就。换句话说，价值观也决定你对责任的态度。你个人的价值体系会告诉你今天过得如何、做得好或不好。

每天晚上入睡前，我都会反省今天的作为。我告诉我自己："这个不错！那个很棒！那个好像不太好……"当我重新评定一天的言行及决定时，我可以从中发现缺失并加以调整或修正。而在这个自我审视的过程中，我感到十分满足，因为我觉得又向自己的理想迈进一步了。

负责的态度并不是要限制我们的行为，这关系到我们的本质及价值观。

知道自己在做什么是很重要的，别人如何看待你的工作、决定、努力、动机或成就，这些都不要紧，因为只有我们最清楚自己所作所为的重要性。即使在上帝面前，我们也必须依据自己的价值观及信念来评估一生的作为。

他人的掌声及喝彩固然令人高兴，例如当你听到别人对你说"谢谢"，或赞许你的作为时，你一定会感到欢喜，但最重要的还是你对自己的评价，因而大部分的人都将这种评定的标准建立在自己人生信仰及价值观上。

举例来说，如果你非常重视他人，并希望在精神及物质上，竭尽所能地帮助他人，那么你就会以自己为他们做了些什么为自我评定的标准。每天你会对自己说："我做了件事，而且是件好事。"或"我做了件事，但还有其他更重要的事值得我去做。"你重视他人的价值观，直接影响你对自己行为的评价，你认为成功的意义包括了重视及帮助他人。

如果你的价值观从金钱出发，并以财富来定义成功，那么你就会以赚了多少钱为标准。你对金钱的价值观直接影响你对自己行为的评价，而且金钱已经成为你信仰的一部分。

这些无形的价值观，都会具体地落实在我们的生活中。如果你不看重某件事情，你就不会对它产生渴望。

如果你没有渴望，你就不会展开行动。

如果你不展开行动，你可能就

永远也无法拥有它。

无论你的目标是什么，这个过程都是一样的：

信仰——价值观——渴望——行为——努力——力量——成就。

潜意识会引导你

你心智的作用就像逻辑的 3 段论法。这就是说不论你心中有什么问题，若你意识所认定的大前提是正确的，就决定了你潜意识所得到的结论。如果大前提是正确的，结论也必定正确。

要获得正确的结论，就必须要有正确的前提。

在你的想法中，应该先建立一个大前提，那就是你的潜意识的无限智慧会引导、指导你，使你在精神、心智和物质各方面，都朝着好的方向走。然后你的潜意识就会自动地在你的投资、决心各方面给你睿智的指导。

你的潜意识常常会被称做你的主观心智。你的主观心智体察认知它的环境，并不凭借你的 5 种感官，而是以直觉去认知。它是情感、情绪所聚积的地方，也是你记忆的储藏室。你的客观感觉终止的时候，正是你主观心智发挥它最大功能的时候。也就是说，它就是在你的客观心智处于终止，或昏睡状态的时候，自动显示出来的智慧。

你的潜意识极为睿智，它知道一切问题的答案。它不会和你争辩，也不会反驳你。它不会说："你不可以把那些东西印在我身上。"例如，你说："我不能做这件事。""我现在太老了。""我不履行这义务。""我生错了地方。""我不认识政坛人物。"那么你就是在把这些消极、否定的想法，灌输到你的潜意识中，而你的潜意识就会根据这些想法产生反应。

因此，如果你给予它错误的提示，它也会把它们当做是正确的，并展开行动，使它们发生，并变成事实与经验。所有发生在你身上的事情，都是根据你所相信，且印入到你的潜意识之中的想法而发生的。如果你已经传达了错误的念头给你的潜意识，克服这些错误念头最可靠的办法，就是经常重复地说出具有建设性、调和性的想法，使你的潜意识接受，并且形成新的、健康的想法和生活习惯，因为你的潜意识正是习惯所在之处。

你的意识习惯想什么，就会在你的潜意识里面留下什么样的深刻的痕迹。如果你习惯的想法是调和的、和平的、具有建设性的，这对你来说就有极大的好处。

因此，当你在你意识中设立障碍、阻拦和迟滞物的时候，你也就等于是在排斥与拒绝那存在于你潜意识的睿智。实际上，你就是在说，你的潜意识不能解决你的问题。这就会引起心智和情绪淤塞不通。

要实现你的欲望，克服你的挫折，每天须大胆而肯定地说："赋予我这种欲望的无限智慧，领导、引导，并显给我十全十美的计划，以实现我的欲望。我知道我潜意识中的睿智现在正产生反应，而且我内在所感觉到和所要的，就会表现在外面。我会有平衡、均衡和镇定的心态。"

当你在寻求一个问题的答案时，你的潜意识就会有所反应。但是它期望你在意识之中下定决心并进行真正的判断。你必须要觉悟到，答案就在你的潜意识心智之中。

如果你过去沉湎于恐惧、忧患，以及其他破坏性的想法中，补救的办法就是认识你潜意识的成就力量，并颁布获得自由、幸福和完美、健康的命令给它。由于你的潜意识具有创造性，并赋有你的超人的资源，它就会努力地创造出你所要获得的自由和幸福。

因此你要肯定地说："我的潜意识知道答案。它现在正在为我产生反应。我非常感激，因为我知道我潜意识的无限智慧懂得一切事情，并且现在就为我显示出十全十美的答案来。我真正的信念现在正在放射出我潜意识的光辉和权威。我为这种情形而感到欣喜。"

不要妄自菲薄

不久以前，我到洛杉矶演讲。我坐在第一排，被许多人包围着。这时，有一位迷人的小姐拉着我的手，非常胆怯地与我握手之后，说了一句令我震惊的话。"我很想和你说说话。"她说，"不过我只是一个平凡的人，你并不认识我。我这个人不算什么。但是我读过你的书，我真的很希望能和你握握手。"

她的话让我很震惊，是因为她过分贬低和漠视自然的精心杰作——人类。

我很厌倦这么多人声称自己无足轻重。那时候全美国的人都说这句话。于是，我打断她："平凡小姐，帮我一个忙，等我一下，一会儿我再和你谈。"过了一会儿，我回头找她，她果然等在那里。

"平凡小姐，"我说，"我很高兴能和你聊一聊。"

她笑着说："你叫我什么？"

"平凡小姐，"我说，"你是这么称呼自己的。你有别的名字吗？"

她说有，并告诉了我她的名字。

"为什么你要告诉我你是平凡小姐呢？"我继续说，"你说过你曾经读过我的积极思想的书，但是，你显然没有读进去。否则的话，你就不会说自己是平凡小姐了。这些书是为了让人了解和认识自己。现在，很明显，你不但对别人说你算不得什么，而且你对自己也这么说。告诉你，这是错误的，因为我认为你有着令人羡慕的气质。你十分迷人，眼睛亮丽，穿着得体，笑容可掬，你是个十分完美的人。我认为你不该老是担心自己是个平凡的人。"

后来她和我谈她的理想，也谈到不该这样消极等待。

她的弱点正是我说的"平凡情结"，她总是以消极等待来面对困境，要改变这种情况必须先扭转她的整个观点。

我给了她克服弱点的药方，并告诉她如何运用。我还建议她对自己说些肯定的话："我是我自己的命运的庙宇。我生活行动存在于内心之中。我将如此思维和行动。"她同意每天都说这些话好几次，并按照这些思想来想象。

几个月之后，我又到加州去演讲，这位迷人的年轻小姐走到我面前说："你以前认识我，但是你现在恐怕认不出来了。"这番话听起来很特别，我转过去从头到脚打量了她一番。令我惊讶的是，她正是那位"平凡小姐"。"我终于发现自己可以有点成就了。"她说，"我已经把过去的恶习改掉，不再认为自己是平凡的人。我希望能当面向你道谢，是你改变了我。"

当我们再次交谈时，我发现她真是改变了很多。她用积极思想克服了她的弱点，将最弱的地方变为最强，过去那种自贬自卑的态度已经消失得无影无踪。

事实上每个人的性格中都有优点和弱点。问题是，你要强调的是优点还是弱点？你靠什么来生存下去？如果你在弱点方面着重起来，你将会越来越弱；如果你强调的是优点，你将会越来越坚强和自信。这个道理非常简单易懂。

最令人悲哀的两个词

一个真正发现了自己的人，他的心路历程证明一个人不论是一时之间，或者是逐渐地，或者是经过一位睿智人士的指导而洞察了自己心智里面伟大的力量，都足以有力地支持他去处理各种问题。

美国杰出作家之一亚瑟·戈顿，写出了一个极为生动的过程，经由这个过程，他找到了能够看到天赋智慧的洞察力。这篇文章登载在1968年1月的《读者文摘》中，题目是《要避开的四个字，要记住的两个字》：

人生中最令人兴奋和获益的莫过于突然闪现的洞察力，它使你整个转变——不只是改变，而且是向更好的方面改变。这种时刻当然很少，但是却会来临到我们每一个人的身上。

那年冬天的一个下午，在纽约曼哈顿的一家小法国餐厅里，我等待着，我感到沮丧而消沉。由于我在几个地方计算的错误，我一生中一项相当重要的工程生意没有能够做成。就是在此地等待见一位我最珍视的朋友（我想到他的时候就背地里亲热地称他为"这个老头"），也不能像平时一样感到振奋。我坐在那里皱着眉，瞪着方格花纹桌布，咀嚼自己"后见之明"的苦果。

他终于从街那边走过来了，裹着老旧的大衣，光头上顶着不成形的帽子，看起来像是一个精力充沛的精灵，而不像是一名了不起的精神医生。他的诊所就在附近，我知道他刚刚和他那天的最后一名病人谈完了话。他已经快80岁了，但是还全天工作，仍然是一家大的基金会的董事，仍然喜欢尽可能地躲到高尔夫球场去。

"怎么样，年轻人，"他不加寒暄地就说，"什么事让你不痛快？"

对他这种洞察我心事的本领，我早就不意外了，因此就直截了当，长篇大论地告诉他使我烦恼的事情。带着悲哀的骄傲，我尽量表现得诚实。我不责怪别人，只责怪我自己。我分析整个事情，所有错误的判断，错误的行动。我说了差不多 15 分钟，然后他说："来吧，我们到我的诊所去。我要看看你的反应。"

老头从一个硬纸盒中拿出一卷录音带，塞进录音机里去："仔细听听这卷带子。"

过了一会儿，带子放完了。

"这盒录音带里录着 3 个人的讲话，他们都频繁使用了两个词。"

我茫然不知所措。

"那是任何语言中最令人悲哀的两个词，"他说，接着拿起笔和纸，写完之后把纸递给我，我看到红墨水写得很清楚的两个词——"如果，只要"。

"你或许会大感惊奇，实际上你在刚才那家餐厅里使用了 4 次，用'如果，只要'这两个词的问题，"他继续说，"是它不能改变既成的事实，却使我们在面对错误的方面——向后退而不是向前进，你并没有从这些错误中学到什么。"

"你怎么知道？"我说，带着一种辩解的语气。

"因为，"老头说，"你没有脱离过去。你没有一句话提到将来。"

我惭愧地摇摇头："那么，有什么补救方法？"

"转变重点，"老头立刻说，"改掉消极的字，以振奋的词取代那些令人退缩的泄气话。"

"你能提出一些这类的词句吗？"

"当然。不要再用'如果，只要'，用'下次'来代替。"

"下次？"

"不错，就在这个房间里，我看到这两个字创造出的奇迹。只要病人不停地说'如果，只要'，他就有不妥当的地方。但是当他看着我的眼睛说'下次'的时候，我知道他已经走上了克服困难的道路，这表示他已经决定应用他从经验中学到的教训，而不再谈论这经验是多么的痛苦。这也表示，他将会把追悔的障碍推到一旁去，向前进，采取行动，继续生活。你自己试试看，你就会明白了。"

我的老朋友不再讲下去了。我听到窗外的雨点轻敲着窗上的玻璃。我试着从心中除去一个词句，换上另一个词句。这当然是想象，但是我却能够听到新的词句嵌了进去，还发出"卡轧"的声音。

从那个下雨的下午到现在已经

一年多了。但是直到今天，每当我发现自己想到"如果，只要"，我就立刻把这个词句改为"下次"，然后等着听那一定会出现的心智中的"卡轧"声。而在我听到这个声音的时候，我就会想到那个老头。

"如果，只要"的态度只能使人迟钝而不能使人振奋，但是"下次"却表示对问题积极的、勇敢的出击态度。排除"如果，只要"观念，采取"下次"的看法，你就会有把事情做得最好的能力，而且不论有什么挫折，都不能够妨碍你的前进。

一次只活一天，一次只专心做好一件工作，然后一次又一次地坚持下去。这很合乎道理。但是遗憾的是，很多人并没有能做到这一点。相反地，他们同时活在过去、现在和未来。这是不合乎道理的。把心智精力浪费在懊悔过去，或担心着未来可能会发生什么事，又担心着这些事可能不会发生，那真是天大的错误。成功的人学会了只活在现在，并且总是向前，一次又一次地专注下去。

不要事后解剖尸体

整个世界的真理都隐藏在那条朴素的格言中："不要为打翻牛奶哭泣。"

你可以回想起多少年前发生的麻烦事呢？那些对你来说似乎很严重的并且让人烦恼的事情，其实应该完全被忘记了。在你遇到下一个麻烦时，你就对自己说："它不会持久的，没有一个错误会持久的。"

那么，就随它去吧！

为什么让那些过失、羞耻和错误继续缠绕着你呢？难道它不是已经占据了你大部分的内心世界吗？难道它不是已经在很大程度上加深了你的皱纹，压歪了你的肩膀吗？难道它不是已经带走了你的欢笑，带走了你生活的乐趣，并使你的步伐失去了弹性吗？难道它不是已经让你伤心，使你的头发日渐稀少和日益花白，使你变得过于严肃而早衰吗？为什么还要继续让它带走你体内更多的东西呢？为什么不把它从你的生活中赶走，把它从你记忆的石板上抹去，并且彻底忘记它呢？为什么让你的过去来破坏你的未来呢？随它去吧！

不要再紧紧抓住那些垃圾，不要再去想象和描绘它们，不要让它们在你的意识中越刻越深。要把它们清除掉，并且彻底忘记它们！

在我到处发表演说的最初阶段，我就深深了解事后解剖尸体的无益。

"我怎么说出那样的话呢？"我会懊悔地说，并且越来越难过。或是"如果我说……"有时候好几小时以后我还在想我说错的或说得不够的事，在心里责备自己。

一天我向一位长者，他是一位著名的演说家，说到我这种懊悔的情形，他给了我一些很好的建议："在你演讲的时候你尽量去做好，但是在讲完之后，你走下台，就忘记一切。你的听众可能也是这样。因此，为什么不采取和听众一致的行动呢？"

这是一个很好的建议。永远不要牵挂在"如果，只要"上面。忘记已成过去的事，好好准备下一次。

如果你因为事情演变得没有你希望的那么好而感到沮丧，并且在你的心中把这种沮丧从一天带到另一天，你就会完全失去了精力。

"做完每一天的事，就让这一天过去吧。"美国哲学家爱默生写着，"你已经尽了你的力。毫无疑问地，当然会有一些错误和荒诞的事，但是要尽快地把这些都忘掉。明天又是新的一天，好好地、安详地，并且以不为过去无聊的事所阻碍的极好的精神来开始这一天。这一天才是最好最美满的一天。这一天有着希望和新的事物，真是太宝贵了，因此你连一刻时间都不可以浪费在懊悔上面。"这是值得我们去遵行的一个建议。

没有一扇门是永远关闭的

悲哀带来孤独。有一则古老的希腊格言告诫人们："在人类所有的困苦中，最大的莫过于悲哀。"

没有一个人能躲避悲哀的折磨，悲哀使一些人变得柔顺，变得更富有同情心，而悲哀又使另一些弱者感到难以忍受。

我们的肉体能忍受疾苦，然而，这种忍受力有一定的限度。同样，我们的精神对于困苦的承受也有一定的限度。

当亲人和你生离死别，内心的悲哀是十分自然的。但是，随着时间的推移，你必须从痛苦的哀思中解脱出来，回到充满活力的现实生活中来。

你也许还记得，罗伯特·肯尼迪和泰德·肯尼迪，以及肯尼迪家族的其他人，在1963年11月22日，约翰·肯尼迪总统遇刺身亡之后，是如何把他们自己封闭起来的。

但是没有任何一扇门是永远关闭的。

罗伯特·肯尼迪在他的哥哥遇刺身亡之前，就已经答应一个孤儿院，在他们举行圣诞派对的时候去探视小朋友，他后来决定要信守承诺——罗伯特·肯尼迪就成为肯尼迪家族在肯尼迪总统遭到暗杀之后第一个公开露面的人。

当时知名作家马斯也在场，据他告诉我，当时的情形是这样的：

肯尼迪参议员到达孤儿院的时候，孤儿院里的小朋友都跑上去迎接他，但是像我们遇到其他名人一样，大家到了距离罗伯特·肯尼迪有一段距离的地方就停住了脚步，就在这个时候，一个小男孩脱口而出："你哥哥死了！"

这句话一出口，全场顿时鸦雀无声，连一根针掉在地上都听得见，全场的大人，包括马斯在内，都僵住了。

那个小男孩不知道自己闯了什么祸，害怕得哭了起来。

这时候，罗伯特·肯尼迪参议员赶紧走过去，一把抱起那个小男孩，柔声地说："没关系，我还有另外一个兄弟。"

须知无休止的悲哀是一种人为的精神消耗，就像屋顶上的一个小漏洞，放任自流，随之而来的就是水患。陷于无休止的悲哀，给你带来的只能是孤独和绝望。

莎士比亚认为除了那些自认苦命的人以外，每个人都能抑制悲哀的情绪。我们应该学会节哀，在悲哀成为心灵永久的伤痕以前，我们就得把悲哀撵走。

沉沦于悲哀，如同经受一场大病，你想的只是自己的不幸，只是自己的苦难，沿着这条小道，你只能走向孤独的"隔离营"。

英国政治家及作家狄斯雷利的这番话或许会对你有所教益："悲哀是人生的一种短暂的痛苦，而沉沦于悲哀之中，则铸成人生的大错。"

还有一位智者曾说："生，非我所求；死，非我所愿；但生死之间的岁月，却为我所用。"

所以，当我们仰首感叹如烟的往事时，不如低头照顾一下眼前的炉火，把握现在的光和热。当我们依恋枕边，想重拾昨夜的幻梦时，不如振作而起，掌握美好的今天。把握生命中的每一天吧，让它过得光荣、尊贵、平和而富有价值。唯有积极进取的生活，才是唯一的真正的生活。

想做就做

19世纪美国伟大的天才发明家克德林曾经说过："我对过去没有兴趣。我感兴趣的只是未来，因为未来才是我期望度过余生的地方。"请记住，你要过的余生，是由你的展望决定的。你会在你的心智头脑中找到你所需要的全部的智慧方法。

几乎所有的成功者都是积极进取的人，人生苦短，唯有积极、认真、努力地拼搏，才能不虚此生。你不能停滞不前，你必须坚持不懈地向成功迈进——否则将会沦为失败者。

如果我们能培养自己，重视天赋在我们心智里的重要地位，我们就能做出令人惊讶的事——甚至于比我们自己敢于想象的还要伟大。一个人能够成为什么样子，以及能够做什么事，大部分由他在心智里认定他自己的程度而定。如果他把自己看得太低，那么从心智中流出来的智慧也就会减少，很可能只是他整个智慧中的一小滴；相反地，如果他把自己以及自己的能力看得很大、很正确，那么从心智中流出来的智慧也就会跟着增大增多。一个人如果要使自己更有用，那就需要某种程度的大胆，大胆可以刺激心智发出力量。正如巴西尔·金在他的《征服畏惧》一书中所提出的："大胆做事，大胆前进，你会发现出乎你意料的力量会向你围拢过来帮助你。"一直乐意为你服务的你的心智会因你的大胆而有所反应，因为事实上大胆就是要心智发出智慧的命令。你有大胆的期盼，力量就会发挥出来。

由此可见，成功与积极密不可分，理由之一在于"不行动就不可能有进展"，有改变就是进步。消极颓丧的人喜爱保持观望态度而不愿采取行动，自然也就很难获得他人的认同。再者，真正的成功者可做到事无巨细都全力以赴地争取，这与消极怠惰的人大相径庭。

"积极"并非仅仅针对行动而言，而应包括认真进取的"心态"在内，例如"肯定思考"、"肯定言论"，等等。

一个人的心态是否积极主动，对他能否成功的影响，远比天赋和才能来得重要多了。

你的内心拥有无穷的力量，能够思考、鼓舞、希望、引导你追求任何人生的目标。这是我们唯一拥有的、完整且无可匹敌的权利。我们必须善用这项权利，否则将受到严厉的惩罚。不论我们拥有什么——物质上、心理上或精神上的任何东西——都必须好好运用，否则就会失去。

首先，明确地定义你想要达成的人生目标。然后告诉自己："我做得到，我现在就做得到。"拟出执行的步骤，一次进行一项，你会发现每一次成功之后，下一步就更容易。因为受到吸引的人越多，他们帮助你达到最后目标的可能性也就越大。

记住，你必须把握住现在，想做就做，否则你将不会有什么成就，因为成败都是你自己的选择。

第十章　培养健康活力的途径

柏拉图有句名言："你不可以尝试只救身体而不救灵魂。"一定要记住这句话，一个健康的人必须是身体与灵魂都是健全完整的。

健康的身体大半要有赖于健全的心理和精神。修身养性才能活得生龙活虎，体验生命甜美的滋味。

亨利·玛西蒂和奥古斯特·瑞奈尽管相差 28 岁，但这两位艺术家却是忘年之交，形影不离。瑞奈在生命的最后 10 天因病而足不出户，玛西蒂每天都会去看他。

有一天玛西蒂看到瑞奈在画室工作，每画一笔都伴着剧痛，他不禁脱口而出："这么受罪为什么还要画个不停呢？奥古斯特？"

瑞奈简单地回答道："把美留下，痛苦就会远去。"

直到死的那一天，瑞奈仍在作画。他最著名的作品《浴者》完成于他去世前的两年，而当时他患此致人残疾的疾病已 14 年了。

在最后一瞬间，总有一个以前不存在的理由——让痛苦过去，留住永恒的美丽。

健康是成功的资本

人们站在生命的门槛上，如此清新、年轻、充满希望，清醒地意识到自己拥有应付一切危机的力量，知道自己是世界的主人，还有什么能比这样的状态更重要呢？一个年轻人的荣耀就在于他的力量。任何形式的虚弱都会贬低他、压抑他，使他变得不完整，这是一种残缺。无论这种虚弱是精力、活力、意志力，还是体力的欠缺，即使是勤奋的习惯也无法消除它，而愧疚则更不能遮盖它。

充沛的体力和精力是伟大事业的条件，这是一条铁的法则。虚弱、没精打采、无力、犹豫不决、优柔寡断的年轻人，有可能过上一种令人尊敬和令人羡慕的高雅生活，但是他很难往上爬，不会成为一个领导者，也几乎不可能在任何重大事件中走在前列。

一个渴望成功的人总要思考：怎样利用他自己的才智、精力和体力才是最有效率的。有不少人往往使自己的才智、精力、体力空耗了、糟蹋了，就好像他们胡乱挥霍金钱一样。

有许多立志成功的人都明白一个道理：要把自己的精力全部倾注到事业上。但是在实际工作中，他们仍然会在不知不觉中，把相当的精力耗费到了毫无裨益的事情上。一个人利用自己的精力，就像我们平时用水一样，一不小心就会浪费很多。

世界上大部分人都在无意识中浪费自己的精力，不仅如此，他们往往连另一个重要的成功资本——身体——也不大注意，他们往往把身体弄得像生了锈的机器一样。他们损耗脑力的方法更是五花八门，造就了生命力的最大损失。比如，动不动就发怒、烦躁、苦恼、忧郁，这些心理与其他的坏习惯比起来，它们所损害的生命力不知道要大多少倍！

一个年轻人如果不时时注意积蓄自己的体力和脑力资本，不时时注意保持自己强健的身躯，那么他无疑是把自己的成功资本随便地扔到大海里去了。即使他的志向再远大，最后也无能为力，无法实现自己的目标，只能后悔不已。

如果你有一些不良习惯，比如神经过敏、暴躁易怒、稍有挫折就极度沮丧、略逢困难就烦恼异常、稍不如意就大发雷霆等，你一定要提高警惕：成功的劲敌正在暗地里向你的全身发起猛烈的进攻，正在吸取你的精力，破坏你的生命力。

一种纯洁、高尚、神圣和正直的思想，一个清醒的头脑很容易长寿。远大的理想，高尚的生活，慷慨的心胸，仁慈心以及博爱无私的情感都有助于延长寿命，而相反的品质则会缩短寿命。

有位哲人说："正是精神使得身体强健。"精神是身体天然的保护神。一种意识健全、有教养、受过良好训练的智力首先会反映在体格上，而且会使体格与自身协调一致。另一方面，虚弱、犹豫不决、狭隘和无知的精神，最终只能把身体也带入同样糟糕的状态。每一种纯洁和健康的思想，每一个对真理和善的崇高渴望，每一个对更高和更好的生活的向往，每一种高尚的想法和无私的努力，都会反映在身体上，使得身体更强壮、更协调、更优美。

对人而言，成功往往是一种强有力的滋补品，因此成功使人的才能得以健康地实践，是人的才能在实践过程中创造了成功。同时，成功意味着在我们的雄心壮志、渴望与我们现实的状态之间构造了一种和谐，而和谐就是健康。

当一个人找到了自己在生命中的位置，从事着自己喜欢的工作，那么，他一定是快乐而健康的。成功地实现我们内心深处所渴望的东西，比如幸福的婚姻，是改善健康状态和带来快乐的源泉。通常，我们会发现，自己心灵所在即是我们能量的巨大宝库，健康同样如此。很多人都看到这样的事情：健康状态不佳的人们，甚至是有残缺的人、缺乏力量和决心的人，通过某个方面的成功，意识突然被唤醒、被激发，竟达到一种意想不到的健康状况。

积极的思想造就健康

在我的办公室里，摆着一个小小的煤桶，里面放着几块煤炭。煤桶是玩具，煤炭却是真的。我会永远保存这个小煤桶，因为它象征着一个很有效的诀窍——经由积极思想可以获得健康。

这件事是这样的。有位政界名人希望我去探视他太太的正在住院的姑妈。这位姑妈真是一位有趣又能干的人。

"我已经好多了！"她说，"这全是煤桶的作用。"

"煤桶？"我重复了一遍她的话，"我从未听过一个煤桶可以治病。何况到处都有暖气，谁还会用煤桶？"

后来，我才看到，在她病床上，四周都是瓶瓶罐罐的鲜花，但在床头柜的中央是一个小小的煤桶，那个小桶子居然是仿造我们祖父母时代的那种旧式的造型。

我说："这真是我在医院里所见过的最特别的一件设备。这和你的气色好有关系吗？"

她的气色的确不错，靠在床上，眼睛闪烁着光芒。

"没错。"她说，"它是我胜利的象征。让我告诉你是怎么一回事吧！从我开始住进医院，身体和心理都不舒服。心里全是悲观消极的想法。后来，有人给了我一本你写的关于积极思想的书。里面谈到消极思想对身体有害。于是，我决定要把内心那些灰暗陈腐的想法赶走，用光明和希望来充实自己的内心。

"我肯定生命的力量现在已经充满了我全身。我曾经因为我的不健康的想法阻碍了它的流通。我矢志

从此刻起我要自己的想法健康、信仰健康、行动健康。活力和快乐现在充满了我的整个身体。正如创造者所预定的，我将放开我身体的机能，让这些机能发挥功用。我肯定、再肯定充满了活力的生命的力量。"

"有一天，我突然想到灰色的想法就像一块块黑煤炭一样。这似乎是一种奇怪的想法，但我觉得这是生命给我的启发。所以，我找人替我买了这个煤桶。现在，每当我想到消极方面的事时，我就捡起一块煤炭，并且说'我要将心中消极的想法如同这块煤炭一样，把它丢进煤桶里。'我想，照顾我的护士一定认为我举止可笑，但是，没多久她便发现我的气色好多了。这个简单的方法对我的帮助太大了。我感谢你的书帮我赶走了消极想法，让我心中光明的思想留下。皮尔博士，你无法想象这个小小的玩具煤桶对我的健康有多大的帮助。"

后来她出院了，就把那个小煤桶送给我。我一直把它摆在书架上，随时提醒我一个真理——要清除悲观消极的想法，积极的思想会让你的身体和心理都健康。

不要刻意逃避

追求成功就像是滚雪球——雪球由山顶上急滚直下，越滚越大。物质成就也是如此，你的成就越高，你对自己就会越有信心，结果就会取得更大的成就，你因而信心倍增，满怀热情，整个人充满朝气。

踏上成功坦途的人大多都能稳定地向前行。有了好的开始，成功就会接踵而至。领悟到这一点，你就会知道积极策划每一天有多么重要。当你乐观地迎接每一天，也领略了梦想成真的喜悦时，你就会对自己充满信心。你感到兴奋，因为你知道自己有能力实现梦想。相反，如果你不仔细策划生活的细节、珍惜生活中的奇迹，就会出现很多问题。

抗拒与逃避会阻碍成功的进程。怀疑自己的实力时，我们会开始为失败找借口，创造力也日趋低落。然而，信念的力量远远超过我们的理解，成功有90%来自坚定的信念，换句话说，我们相信什么，就能创造什么。

当你感到绝望、丧失信心时，便会盲目地排斥所有事情，忽略现有的一切，停止奋斗，将更多的精力浪费在抗拒外在的干扰上。

我们总是认为，只要想办法抗拒，那些不讨人喜欢的负面情绪就会消失。这种想法是错误的，心存抗拒如同火上浇油，你越抗拒一件事情，它就越困扰你。因为不自信，我们常常会低估自己对成功的把握。

为了达致个人成就，我们必须面对并积极追求真正的愿望。"逃避"或"抗拒"现实是不可取的，它只会使我们关注的焦点变得模糊，削弱我们的实力，让我们觉得自己永远得不到想要的东西。

如果你相信自己可以得到更多，而现实却并非如此，那么请你好好检视内心，你会发现自己的信念还不够坚定。即使你已无计可施，也仍要坚持初衷，有了坚定的信念，你的热情将与日俱增，因此你会无惧于各种困难的挑战。

健全的心理引导健康

我记得有一个人，虽然他不是真的有病，但他的身体状况很差。他的医生说他整个的"身体调和系统"太虚弱，并且开出了奇特的方子，建议他："要改进你的身体状况，先要调整你的心智。"医生并没有对这个"药方"做太多解释，这个人就来问我的想法。我猜想可能这位医生认为他有不健康的思维模式，因此建议他调整他的思想。

"为了使自己的身心更健康并充满活力，"我建议说，"你何妨用一天的时间从更健康的基础上去想呢？

在一天时间里不想也不说一句消极的话，不流露愤恨，肯定自己是健康而快乐的人。试一天，看看有什么影响，看看能不能调整你的心智，让你觉得更快活有劲儿。"我拿了一本白纸，计算了一下后，对他说，如果他可以再活 60 岁，也就是可以再活约 52 万外加 5 600 个小时，那么用这么多时间之中的 24 小时来试验，看看改变想法是不是能获得更健康的心理和身体，可以说并没有什么妨碍。

他的反应并不热烈："或许有一天我会试试看。""不行，"我警告说，"'有一天'的意思就是不会有这一天。如果你想试试这种治疗法，你就应该人明天开始就认真试试。"在我的催促之下，他同意第二天照我的话去做。

这位病人很守信用，他真的一整天不想、不听、不说消极的话。"你不知道这真需要很大的自制功夫，"他告诉我，"真奇怪，开始的时候那些老式的、消沉的、退缩的想法不断冒上来。我是真正地努力了，我每一分钟都提醒自己，一整天想的和说的都是积极的东西。别人有任何一点好的事情，我都赞美一番。"他做完了那天的试验，承认他觉得"出奇的满足，并且感到以前从来没有感到的轻松。我真的觉得很好，我觉得一切都太妙了，这真令人惊异"。

由于这个结果真的很好，他因而对这个治疗方法大感兴趣，并且热切地希望再做一天，以至继续做下去。但这种新的想法并不容易生根，"我尽全力往好的方面想，但这使我疲惫不堪。"他说。他还是会跌回到老想法里，不过他并没有完全回去，因为他已经尝过了根据更高明的想法去生活的好滋味，因此在尝试这种治疗法的过程中他时而高昂时而消沉。经过一番挣扎奋斗后，他终于能常保持较好的想法。他承认虽然有时候还会退回去一点点，但是他已经在身体方面和心理方面都觉得硬朗了，因此他说他不可能再回到过去那种心理不健康的状态中去了。"我为什么要回到过去的状态中呢？"他说，"你感到自己健康、充满了活力和朝气以后，你会大感兴趣，不会再想改变这种状况。"

合乎科学的思想治疗

现在人们越来越认识到健康的想法是身体健康和精神愉快的一项重要因素。很多年以前医生只靠用药来治病。但是人是一个整体单位——身体、心理和精神合而为一，而心理和身体有着密切的关系——

大家已经广泛地认为，合乎科学的思想治疗法和恢复健康的确有密切的关系。

我自己也有一个例子。似乎每年冬天我都会得一次感冒，而且最后会影响到我的声带，使我几乎不能说话。由于我的演讲之约很多，通常在几个月前或甚至在一年以前就安排好了，因此每次感冒后，我说不出话来会很麻烦。而到最后一分钟才由秘书打电话给某人，不得不取消演讲之约，这当然不是件好事，何况我对于守约还有一种责任感。

我记得有一次，一个全国性会议的筹备会坚持一定要我去，并且指出我已经和他们订了合约。但是等我到达了那个城市，我讲话的声音已经像蚊子叫一样，而将要听我演讲的人会有 7 000 人。我于是吞下药房所有的治咳嗽喉咙痛的药片、维生素片，并且猛喝水，尝试各种治感冒的方法，期望能够尽快恢复声音。

到了下午，我打听到有位很有名的喉科医生，就赶快跑去找他。他是一位态度和蔼、容易相处的长者。"医生，请帮忙治好我的喉咙，"我声音沙哑地说，"好使我度过今天晚上。今天晚上有个集会，会上安排我要讲 40 分钟话。其实，今天晚上唯一的节目就是我的演讲。"

"你要我怎么办?"他问。这真是出乎我的意料。

"什么?这我怎么知道呢?你是医生——我想是给我的喉咙喷些药什么的。喉科医生不都是这一套吗?"

"你认为这样会使你觉得好一点吗?"他说,"那好,我们就这样办。"他做了一切我想他应该做的事。"现在,"他说,他从诊断镜上面看着我,而镜子都快从他鼻子上掉下来了,"你就会复原了,但是我给你开个方子,是这样——从现在开始,你要对你自己说:'我会有足够的声音去演讲。'这种积极的想法会帮你复原。"

"还有,"他又说,"用今天下午的时间除去你的紧张。你绷得太紧了,不如忘掉今天晚上的事,也不要想你是不是能够讲话,你的声带显示你太紧张了。你最好回到旅馆去,脱下你的衣服去睡一觉。告诉旅馆的人晚上 7 点钟时叫醒你。你在 8 点半演讲之前,叫些茶和烤面包在房间里吃,你要认为你的声带一定会放松开来。如果你能够这么想,真正的这么想,那么你的声带就会放松。然后,"他最后说,"做些祷告,并在 8 点半的演讲会中,带给他们一篇精彩的演说。"

不论怎么说——医生和蔼的态度、下午的小睡、平静的心理、信心和祈祷,或者是这一切的综合——晚上演说的时候我有足够的声音。而在听众之中,我看到了那位医生的面孔,他对着我微笑,并且做出一个一切都很好的手势。

从那天以后我开始想,我之所以每年在 2 月里都患上严重的感冒,或许是因为我心理上有这种预料期盼的关系。我真的无法相信想法和期盼能够招引来感冒,但是我定期得感冒却是事实,而我预料它会来也是事实,因此或许——只是或许——这两样事实之间很有可能有着关联。

由于这种情形,我决定排除第二年的 2 月再得感冒的可能。我再次请教医生,并且根据医生的意见采取完善而合理的预防措施。我逐渐养成尽可能早睡的习惯,我也尽量放松自己。在总是报道坏消息的各报纸开始大声宣传说有新的流行性感冒——香港型、伦敦型或其他型——来临的时候,我就在心理上排除我可能染上的想法。此后多年来我只是偶尔会流流清鼻涕,一直就再也没有真正感冒过,更不会影响到我的声带,所以我才能到处演讲不停。在保持健康、活力、朝气方面,那位老医生给我上了我一生所能够得到的最好的一课。

精神上的想法当然不保证你一定不会生病，但是却一定能够增进你一般性的健康。

我们可以应用3个原则：

1. 想法健康以获得活力和朝气。

2. 做法健康以获得活力和朝气。

3. 祈祷健康以获得活力和朝气。

谈到健康、活力和朝气，如果我不提醒读者，指出精神上的信心和态度具有极大的、令人难以置信的治疗力量，那我就太疏忽、太不负责任了。因此，如果你觉得不舒服，如果你生病了，你当然要去看医生，但是你也应该开启你的内心，接纳心理和精神治疗办法所具有的治疗力量。

正视所有的欲望

每个人都有物质、精神、肉体和心灵方面的欲望，虽然我们常说心灵的欲望最重要，但其他欲望也不容忽略，因为追寻真实自我的基石，就是正视所有的欲望。

无法实现内在成就时，精神的欲望就得不到满足；缺乏外在成就时，物质的欲望就有所欠缺；心愿无法满足时，你就会忽略心灵的欲望；当你萎靡不振时，无疑是违背了保持身体健康的欲望。

所以，唯有正视所有欲望，保持它们的均衡，人生才会纳入正常的轨道，成功的几率也会更大。正视欲望并不表示一定要采取行动，当你倾听内心的声音，正视所有欲望之际，它们自然会达到均衡。当一种欲望在各方面都能获得平衡时，这就是你真心的渴求。

一些人之所以常不自觉地忽略真心的渴求，就是因为他们心中的各种欲望有时会产生冲突。例如：理智告诉我们要坚强，但在感性上，我们却需要快乐与关爱。看不到大局时，理智告诉我们金钱最重要，快乐与成就感都是其次，但在感性方面，我们的灵魂却渴望快乐与关爱。如此一来，两方面的欲望就产生了冲突。

当遇到挫折的时候，许多人开始否定自己部分或全部的欲望，然而在否定内心深处的欲望之际，每个人都忽略了一点，我们本来就有能力实现欲望。每个人都有颗魔术之星，我们只需不停地许愿、坚持愿望，这种强烈的渴求就会使我们增强信心，帮助我们达成心愿。

请你挥动魔杖，扫除所有否定的心态，你将生活得更愉快。必须不懈地坚持自己的追求，寻求精神力量的指引。请你正视内心的欲望，坚持你的心愿，相信自己的能力，热情、信念与依赖是达致物质成就的 3 大要素。

压抑自己、拒绝面对真心所求时，你就等于拒绝了精神力量的指引，削弱了自己的潜能。如果你能够倾听内心的声音，你的潜能就会被激发。撷取精神能量会使你的实力大增。

洗涤你的心灵

在你心中拥有的是色彩绚丽并充满青春活力的快乐岛呢？还是路边的荒芜杂草呢？你在雨后呼吸到清新的空气时，是露出微笑呢？还是两眼盯着道路上的泥泞呢？当你走过一面镜子，无意中看到自己的影像时，你看到的自己是一副喜色？还是一副愁容呢？

保持乐观进取的态度，是获得活力与朝气的关键。同样一件事情，常常既可以说是"好事"也可以说是"坏事"，既可以说是"幸事"也可以说是"倒霉事"。到底如何看待，一般取决于个人习惯和与什么相比而言，并着眼于实际上发生的事情本身。

获得活力与朝气的首要方法便是洗涤你的心灵，这一点是我们不可忽视的。你每一天都必须尽力去清除困扰你心灵的思想渣滓。譬如

对自己以往言行的悔恨，后悔自己不当的行为伤害到别人，工作的不顺以及刻薄待人等。你要把这些思想的渣滓连根拔掉，不要使它们控制了你的心灵；要把这些烦人的思想渣滓除掉，不要让它们蓄积在你的心灵里。

你可以每天抽出 15 分钟以上的时间来净心。你要到一个无人打扰的地方躺着或坐着，行使净心的技巧。在净心期间，你不能说话，不能看书，也不能写字。而且也要尽可能地摒弃杂念，把你的心导向一个忘我的状态。你要想象你的心情已一片寂然，百念不生了。刚开始时要做到这一点是很不容易的，因为你一时之间还是无法摒弃杂念，不过，日久终能生巧的。你要想象你的心境正如一池潭水，你只要尽可能不激动，则此潭水就不会突生涟漪了。当你进入忘我之境时，你便可以开始聆听心坎里最和谐、最优美的声音，你也可以在内心深处听到大自然的歌唱。

保持适合你的节奏

我有一个理论：人在紧张、繁忙的工作环境之外，应该有一个私人的休息场所，可以用来调整精神状态。因为"能力来源于沉默和信

心"（《旧约·以赛亚书》第三十章第十五节）。

精神上的松弛需要安静的环境。其实，所谓安静的地方，并不一定指某一具体的地方，它可以存在于思想当中。

现在，我告诉你该怎么做。首先你想象你一个人站在海边，整个世界均在沉睡之中，唯有你是清醒的。你起身穿衣，到海边散步。忽然，你抬头仰望蓝天，将你的心灵投入万里无垠的宇宙之间，你站在那儿，好像海里的一朵浪花漂在无边无际的大海中间。

然后，如同背诵一首诗，记住这美好的经验。首先，你要记住你所听过的海涛和风声。再记住你所感觉过的迎面而来的凉意，喷溅而起的浪花。然后是海的味道：空气中弥漫着咸味。你可以用舌头舔舔，如同你在舔那海洋的气味。记住了这些不同的味道，你便可以随时把这种经验带回来了。

等到你发现自己紧张时，就闭上双眼，回想你所经历过的一切。回想那一幕幕安静祥和的经验，你的心中很快将会再度感受到那种独自在海边所得到的静谧的感觉。

因此我们的说法是——且已经由千万人亲身证明出来——健康、活力和朝气可以成为一种生活方式。多么美好的一种生活方式——充满了热心、诚意和欢乐！这种生活正等你去享受。为什么你不去获得——真正去获得？

第十一章 　保持轻松和幽默

> 　　人应该能像调节水温一样调整自己的思想和心境，在水太热的时候就要把冷水管的水龙头打开。这时你就会发现，你的世界随时都有美和幸福存在。
>
> 　　要内心平和、轻松地做事情，不要过分强求。静而后能思，感而后能有所得，而且只有这样，你的心情才能变得轻松、幽默。

　　在纽约州接近康涅狄格州边境女公爵郡奎克山上我们的农场中，有一株很老的苹果树。我的好朋友、农场场长约翰·衣默尔说，这株树已经有80或90年的树龄。

　　过去它必是高大、强壮，枝叶极为茂盛的树，但是现在已经衰老而粗糙多瘤了。以前粗大的树干现在只有一边还剩下圆壳子，不会超过三寸厚，而就是这上面还有着好几个大洞。

　　但是我很珍视这株老树，我从它那里学到了很多。你瞧，它这些年来还活得很积极，似乎不知道自己已经老了，也不知道自己的树干只是剩下的残枝。每年春天它还是会开出花来，长满了树叶，它还照

常结出苹果。据我所知，它从来没有被喷洒过农药和肥料，但是它仍然结出好的苹果，当然不像你在超级市场中见到的那样大、那样圆润，它们有点不成形，有些黑斑，甚至于还有虫子，但是你想象不到这些苹果的味道有多甜。

　　自然是人类奇妙的老师。每当我驱策自己，把自己和事情看得太严重，想到我可能不会像以前那样能把事情办好的时候，我就去和那株老苹果树"密谈"一下。在受到鼓励之后，我会对自己重新充满信心，如同老树开出新花。我提醒自己，就算老树长出来的苹果不漂亮，有虫子，只要味道甜，有一部分可以吃，这株树就仍然有用，仍然做

· 137 ·

着上天赋予它的工作。在我看来，我们的老苹果树似乎能教我们很多的事，其中之一就是要放松一点，以一种轻松的心态继续去做上天赋予你的工作。

正如我的老朋友斯麦莱·布兰顿博士常常说的："你要轻松一点，不要急躁或钻牛角尖。依你的办法去做，逆来则顺受。如果你认为你行，你就行；如果你认为你能做任何事，你就能。你只要保持冷静，保持幽默就行了。"

著名作家爱默生鼓励大家保持平静，并且十分推崇他称之为"掌握自己"的观点。"掌握自己"似乎充满了意义，明显的表示不要让自己失去控制。保持平静和温文有礼，虽然这些气质在当今这个说干就干、急躁、紧张和快速的时代里似乎是过时了。

永远向着阳光

大卫·库柏在自己破旧的鞋匠铺里闷闷不乐地说："这是我见过的最黑暗的角落，不管是夏天还是冬天，阳光从来没有照进来过。"然而，不知什么时候，正在打盹的鞋匠突然间听到某个神秘的声音对他说："我告诉你怎么让阳光照射进来。阳光又纯又亮，它代表着活力、

坚毅、勤奋、仁慈、信仰、希望和满足。如果你这样做了，大卫·库柏，你就会发现没有哪一道阳光会漏过你的屋子，即使你到了老年，也没有哪一天你会感到不幸福不快乐。"于是，大卫好像突然开了窍，他立刻开始动手，他的第一步是清除积年累月的灰尘，把鞋匠铺的玻璃擦干净。这样阳光就照了进来，屋子一下子亮堂起来。此后，在大卫的生活空间里真的一直是阳光普照。

"我去过的一间病室有一小束玫瑰花，"米勒说，"它们盛开在窗台上的花瓶里。一天，我注意到其中一朵玫瑰是向着太阳的。当我谈到这一点时，邻床生病的妇人说，她的女儿一天拨弄它好几次，让它背着阳光朝向屋子里，但是每次这株花都会自动地扭转过去，直到面向太阳。它仿佛不愿意背着阳光。这朵玫瑰花给了我一个启发：千万不要让自己意志消沉，一旦发现有这种倾向要马上避免。我们应该养成习惯，面对所有的打击我们都要坚强地承受，面对生活的阴影我们也要勇敢地克服。要知道，任何事情总有光明的一面，我们应该去发现光明的一面。垂头丧气和心情沮丧是非常危险的，这种情绪会减少我们生活的乐趣，甚至毁灭我们的生

活本身。"

到处都有明媚宜人的阳光，勇敢的人一路纵情歌唱。即使在乌云的笼罩之下，他也会充满对美好未来的期待，跳动的心灵一刻都不曾沮丧悲观。不管他从事什么行业，他都会觉得工作很重要、很体面，即使他衣衫褴褛也无碍于他的尊严。他不仅自己感到快乐，也给别人带来快乐。

永远不要忧虑，永远不要发牢骚。如果我们一直向上看，生活积极乐观，工作勤奋努力，就一定会得到幸福的光照。地底下的种子始终相信，总有一天它会破土而出，长成一棵幼苗，长出枝叶，并且一定会开花结果。它从来不问自己，怎么才能突破压在头上的厚厚土层。它从不抱怨成长的过程中碰到顽固的石头和沙砾，而不断地把自己柔嫩的根须一点一点向上顶出，透过石头和沙砾，坚韧勇敢地成长着，直到露出地面，长出枝叶，并开花结果。从这颗幼小的种子那里，我们可以学到无名之辈成为社会名流、从无知愚昧变得文明开放的成功奥秘。

做个乐观主义者

"什么是乐观主义者，爸爸？"

农夫的儿子问他的爸爸。

"哦，约翰，"他的爸爸回答道，"你知道，我并不知道字典上怎么解释这个词的，很多人也都不知道。但是我对这个词的含义有自己的看法。也许你已经忘记了你的叔叔亨利了，但如果说有什么人是个乐观主义者的话，他就是最好的例子。在亨利看来，任何事情都再好不过了，尤其是那些他不得不干的苦活累活。对他来说，没有什么工作是无法完成的——他就是那种怎么都不会垮掉的人。"

"让我举割稻子的例子来说吧。如果说有什么事情会让我感到垂头丧气的话，那就是在烈日炎炎之下收割稻子。但是在田里，在我正感到痛苦不堪之时，你叔叔就抬起头说：'不错，吉姆！我们只要先割2行，再割掉18行，就完成一半的任务了！'他说话的时候流露出一种真诚的开心，他的这种情绪感染了我，让我觉得即使要一下割掉所有的稻子也不费吹灰之力——这样，剩下的工作就容易了。"

"但是，在所有农活中，割稻子已经算是很轻松的了。还有一些更累人、更困难的活，比如说捡石头。在我们的老农场里，石头是永远都捡不完的。如果我们想种点什么的话，那就需要去捡石头，每一次耕地都会发现又出现了一大堆石头，就好像以前的石头都白捡了一样，我们的工作又得从头开始。"

"但是，你听听亨利的说法，就会觉得世界上再没有比捡石头更有意思的事情了。他对这件事情的看法和我们所有人都不一样。有一次，稻子都割完了，还没到要割草的时候，我正好要准备去钓鱼，但是你爷爷吩咐我们去捡石头，我几乎要哭了，但亨利说：'走，吉姆，我知道什么地方有金块！'"

"你能想到他说的金块是什么吗？他和我做一个游戏，把整片田野当成一个巨大的矿坑，他让我进去。我觉得自己好像就在加利福尼亚淘金一样——那一天真是开心极了。"

"我们完成了那一天的工作之后，亨利说：'今天只有一点令人感到遗憾，如果你想要发财，就得把这些金块扔掉，而不是把它们攒起来。'"

"我倒并没有想入非非，但无论如何，那天的感觉是我们玩了一天而不是干了一天的活，从田里找出很多石头。"

"我刚才说过，我不知道字典上'乐观主义者'的定义是什么，但是如果你亨利叔叔不算一个乐观主义者的话，我不知道还有谁能配得上

这样的称号。"

不可过分追求完美

人生不可能事事顺心，过分追求完美，往往会事与愿违。由于对自己、对别人要求过高，完美主义者永远都不会满足、快乐；由于不切实际地期盼，他们往往会忽视生活中美好的事物；由于不停地将现实与理想进行比较，他们甚至无暇付出及接受关爱。

过分追求完美，你就无法放松，因为你不知道该如何珍惜现在的一切。

一味追求完美是不切实际的做法。每个人小时候都希望自己是个完美的孩子，于是，会尽力取悦父母，甚至做出违背自己性情的事，希望借此得到父母的关爱，在这样的过程中，我们学会压抑情绪，也学会力求完美。

然而实际的情况是，取悦他人并没有错，但这种心态很容易受到扭曲，甚至影响心理健康。

此外，在某一领域才华出众的人也可能过分追求完美。人们对才华横溢的人寄予厚望，他们自己也习惯了接受掌声与喝彩。但这却使他们不敢冒险，只停留在自己擅长的领域中，不敢跨出这个范围，而

且即使表现杰出，他们对自己也永远不满意。不但不会珍惜现有的一切，有时反而厌恶自己努力的成果。

由于本性使然，人们常常觉得生命有所欠缺，所以会向外在世界寻求完美。其实，应从精神力量中汲取营养，以解除过分追求完美带来的压力。

其实，追求完美并没有错，但如果把焦点放在外在世界，期望世界尽善尽美，这就是不健康的心态。相反，探索自我、试图激发更多潜能，才有益于身心健康。世事不可能永远完美，但是我们可以在追求完美的过程中，努力完善自己；在自省、开发自我潜能的过程中，充分享受每一天。

管理自己的情绪

保持情绪平衡，保持情绪健全，对那些认为文明是从今天开始，一切事情必须马上、现在、今晚以前做好的人要保持幽默感。"真是太糟糕了。""哦，现在我们应该怎么办？""为什么没有人做点好事呢？而且要快，否则文明就要垮了！"在大家都惊慌的时候，就是老话"镇定"有用的时候。例如你就可以放轻松一点，表现出一点幽默感来。"船到桥头自然直"，至少小船会从桥下面过去。柏拉图说："人类的事没有一件是真正重要的。"他的话或许过火了一点，但是虽然过火，也值得我们想一想。

"镇定"的睿智实际上是对所有人类活动的一种幽默的反应。拥有这种品质的人一定比今天那些容易激动、过分急功近利、匆忙如蜜蜂的人更能够享受生活。

要想"镇定"，阅读一下世界伟大的思想家之一马卡斯·奥里欧斯的话将大有助益。如前面提到的，他说了很多睿智名言，其中之一是："不要因为事情的变化而使你烦恼、易怒，它们不会注意到你的烦恼、激怒。"还有："为生活中所发生的任何事而惊骇是多么的滑稽可笑。"在香港我看到一位中国古贤所说的名言，他的话显示他是一位镇定而温文的人。他说："驭急以缓。"另外可以帮助你放轻松一点的具有幽默感的是"温文"和"沉着"，也就是不要烦躁，不要发怒。要运用你的幽默感，不要把事情看得太严重，静待事情的过去，因为没有一样事情会永远不过去的。例如你还记得5年以前每家电视新闻播报员都大加挞伐的情形吗？这件事情也一样随着时间的过去而褪色。过去是伟大的，它仁慈地吞食了所有那些高度紧张、所谓的"紧急的"事。

幽默感极有助于转化敏感的情况为资产。我朋友的女儿，小时候不能正确地发出"吃"这个字的音，她是个很敏感的女孩，这使她感到难堪。但是每次她说这个字的时候，她总是先取笑自己，而别人也就把这种情形当作趣味的来源，而不是嘲笑她。她后来终于学会了这个字的正确发音，她反倒觉得有点遗憾，因为她不再能够以这点来愉悦他人了。

还有一个例子显示幽默感可以改善原本不快乐的心理。约翰叔叔出了一次严重的车祸，一条腿被切除掉。"可怜的约翰！"邻居们都这么说，因为切除一条腿，往后要用木腿，这是件严重的事，常会使失去腿的人想远离他人而变得孤僻。

但是约翰叔叔并没有这样。他以前并不认识的孩子都来看他的木腿，他们因而成了朋友。他在信上签名时总是用"有一只木腿的约翰叔叔"。他失去了真腿，换上了木腿，结果他的声名和他走过的路反而都更远了。

机智幽默者畅通无阻

机智是一种相当微妙的品质，我们很难精确地对其进行定义，而且这种品质很难通过后天教育的方式进行培养。但是，毫无疑问，对那些渴望迅速地在这个世界上成就一番事业的人来说，这种品质是必不可少的一个条件。

当法国大革命正处于如火如荼的高潮时期，激动兴奋的人们蜂拥至巴黎街头时，有一队士兵堵住了某一街道。正当指挥官即将命令手下的士兵开枪扫射时，一位年轻的中尉请求允许他向狂热的人群发表一个讲话。这位中尉挤出了列队，摘下头上的帽子说："请绅士们协助我们的工作，马上进行撤退，因为我们接到的命令是要对聚众闹事的乌合之众和不法分子开枪。"他的话仿佛具有一股魔力一般，拥挤的人群立刻疏散开了，就这样，士兵们在没有流血的情况下顺利完成了清场任务。

在历史上，借助于机智成就大事者不胜枚举。以林肯为例，机智的他得以从内战期间无数不利的处境中解脱出来。事实上，如果缺乏这一重要因素的话，美国内战的结果很可能会完全改变。

在运用机智和谋略的过程中，幽默始终在发生着作用，幽默还会滋养我们的心灵。很多时候，我们在想到那些灵巧高明的技法时，情不自禁地想笑，这些方法在日后总是被证明为恰当的。在机智地运用谋略时，并不需要任何欺骗，我们所需做的就是展示一种正确的诱导，从而最有效地吸引和说服那些尚在徘徊观望的人。应该说，这种在恰当的时间内把应当完成的事情处理好的技巧是一种艺术。

有人曾经说过："每一条鱼都有它的钓饵。"正如任何鱼都有它的钓饵一样，只要我们具备足够的机智，就可以在任何人身上找到突破的地方，从而接近他们，不管他们是如何地刁钻乖戾，如何地难以靠近。

某位公立学校的老师有一次因为一个8岁的爱尔兰小男孩过于调皮捣蛋而对其进行责备。小男孩想要抵赖，当老师开口说："杰西，我告诉你了……"小男孩立刻飞快地回答："是的，我早就告诉他们没有什么东西可以逃过您的那双漂亮的黑眼睛的。"

富于机智的人可以很快地交到朋友，因为他们懂得如何吸引别人并诱导他们展示其最优秀的一面。

当威廉·佩恩前去拜会查理二世时，他坚持了贵格会信徒的原则，没有脱帽致意。但是，查理二世并没有因此勃然大怒，相反地，他恭敬地脱下了自己的帽子。"求求你，查尔斯，戴上你的帽子吧。"威廉·佩恩恳求着说。"不，佩恩，"国王风趣地回答说，"通常，这里只有一个人能戴着帽子。"

机智是良好的性情、敏锐的洞察力以及在紧急时刻快速反应能力的综合产物。机智从来都不是咄咄逼人的，而是像柔和的春风一样消除人们的狐疑，并抚慰着人们的心灵。它善解人意并因而受到人们的欢迎。它是一种迂回的策略，但其中没有任何虚伪的成分和欺骗的成分，它也是出于对他人的考虑而不是出于对个人的私心。它从来都不是敌意的、对立的，从来都不会触犯别人的忌讳和揭开他人的伤疤，从来不会令他们烦躁不安或火冒三丈。机智就跟优雅的举止一样，能够为我们的事业铺平道路，使我们生活的轨道一帆风顺。借助机智所具有的神奇魔力，对他人紧闭的大门在我们面前则逐次打开。它使得我们可以在其他人不得不枯坐接待室的时候悠闲地置身于客厅，使得我们可以在他人遭到无情的拒绝时安然地步入我们想进入的私人办公室。它可以令你进入那些排挤局外人的社交圈，在那里，大量的机会和财富等待你去拥抱。

机智就像是一个强有力的管理者，只要加上一点点的才智，它就可以轻而易举地驾驭别人，而这正是那些所谓的天才永远无法触及的。

总统眼中最伟大的人

人们喜欢艾森豪威尔总统，喜欢他轻缓的微笑，喜欢他虽然是最著名的要人，自己却不这样想，他并没有把自己看得过分了不起。尽管他是第二次世界大战盟军的最高统帅，是全世界的偶像，也是美国的总统，在他自己看来他仍然只是"艾克"，一个来自阿比连的男子。他能够在伟大的历史舞台上自处得很好，而且他的书《安适》名字也取得不错。他是一位平静、镇定、可爱的人，并且有充分培养出来的幽默感。因为他完全不虚矫自负，完全没有神圣不可侵犯的样子，人们把他当做自家人一样地喜欢他。

我深感荣幸能够认识他，而且还清楚地记得我和他之间一次令人惊异的谈话。当时联邦调查局长胡佛邀我到华盛顿的该局，在一次警察首长会议上讲话，这些首长代表了全美国好几百位的高级执法官。

坐在上面的台上，我看到我旁边的座位上有一块"此位保留"的牌子。不一会儿，出乎我意料的是艾森豪威尔总统进来了，而且就坐在我旁边的位子上。我立刻就说：

"总统先生，你今天一定要讲话。有你在座，我不认为我有资格演讲。"

他微笑了一下。"为什么不让我听呢？"他说，"我也需要一些积极的想法。你是不能脱身了。你讲我听，讲一些真正好的东西，我需要这些。"然后他又说："今天我来是为接受联邦调查局特勤人员徽章。"他说话时脸上带着一种孩童式的骄傲，"你知道，我一直都想成为联邦调查局的一员。"

我发表了演讲，坐回到座位上，他亲切地告诉我讲得"太棒了"。他说："我喜欢看到演讲的人讲得热烈生动，并且挥舞着手势。"尽管总统位高权重，但是他却是平易近人的。和他谈话时，你一会儿就会忘记他是总统，而觉得你只是和一位令人愉快而非常投契的人在一起。在我演讲以及总统获颁特勤人员徽章之后，胡佛局长就开始颁发毕业证书给好几百位警察首长，因为他们刚刚完成了一项8周执法课程的密集训练。我本来以为总统一定会离去，但是他似乎并不急于走开，他告诉我如果他退席，那就是对所有这些首长的一种不礼貌。

在颁发证书这段很长的时间里，他和我就像是好朋友一样地谈话。我的办公室现在就挂着一幅我们这次谈话的新闻照片。他一只腿跷在另一只腿上，他的双手轻松地放在膝盖上，裤脚拉了起来，露出吊袜带和一大段小腿。

在谈话期间，我突然问道："总统先生，你在这个地球上认识了很多的伟大人物。你认为谁是你所遇见的最伟大的人？"

在我们的左边坐着十多位一时之选的人物。他顽皮地指向他们的方向，"哦，我不想这样说，但是不是他们。不过，"他加上一句，"他们不是也很了不起吗？这些我引进政府里面的年轻人！"

"我所遇见最伟大的人不是男人，而是位女人——我的母亲。"他说，"以正式教育来说，她并没有受过很好的教育，但是她有洞察力、理解力和睿智，真正的睿智。说真的，"他带着一点渴望思慕的表情继续说，"自从我担任了这个工作以后，我常常想如果我能够知道她的意见该多好，因为她的思路有条理，而且彻底了解人性。我所学到一个最好的原则是多年前我母亲告诉我的。一天晚上，在宾夕法尼亚州我们的农庄家中，我母亲、我的几个兄弟和我玩纸牌。我要说清楚，"他加插一些话，"我们玩的不是一般的扑克牌，因为我母亲是位非常正直的人。她教我们玩一种老式的游戏，叫做'芬林治'或什么的。"

"不论是什么，当时家母发牌，发给了我一手最差劲的牌。我知道有这么一手牌我很少有赢的机会。由于我好胜心很强，因此我开始埋怨母亲。于是母亲说：'好，孩子们，把你们的牌面朝下放在桌子上，我要讲件事给你们听，尤其是艾克。'"

"她说：'这只是一场游戏，但它就像生活本身一样。你们一生之中将会有很多次得到一手不好的牌，你们所要做的是接受每一手牌，不论是好是坏，都不可以怨天尤人，只是拿起这一手牌来把它处理出去。如果你有足够的男子汉气概做到这一点——处理出去每一手牌——你就会帮助你自己，你们可以获得很好的结果。'此后我有很多次机会，发现我母亲的这个睿智的教诲是多么的正确。"

在颁发证书典礼完毕散会的时候，你猜这位美国总统对我说些什么？他说："谢谢你让我说出我极为珍视的一些事情。谢谢你费神听我说话。"他竟然谢我！说完他就走了，而我却为他的话感动得站在那里。他真是伟大且平易近人，还有着幽默和令人折服的谦虚——一位伟大、可爱的人。

快乐的人是有福的

使气氛轻松和睦和培养出幽默感，这项原则适用于任何一类的活动。把自己看得太重、太认真，但是要完全相信自己。要勤奋地工作，想法要有创意。执行一切可能的行动来确保得到成功。运用智慧于更深层的思考。事前多做准备，不要过分强求，放轻松一点。你已经做了所有你能做的事，就让事情自然地演变，结果一定会比你紧张兮兮、过分强求地去做要好得多。

我深深记得某天早晨我在纽约市搭乘计程车，那天交通真是太挤了，那位司机太紧张了，而且极为暴躁，好像其他司机都一再使他生气，他不停地把头伸出车外，告诉别人应该怎么开车，而且用词极为粗鲁。

我看到他在仪器板上贴了一张卡片，上面写着："如果在这一切都混乱的地方还能够保持头脑清醒，你就是不了解情况。"在我们的车如牛步前进的时候，我一直研究这个紧张的人，然后我写下了另一张卡片，下车付钱的时候递给他。卡片上写着："坚定信赖你的人，你必须保证他十分平安。"

"这是什么？"他问。然后他大声读出来，向上看着我："喂，你知道吗？这两句话很好。你在什么地方看到的？"

"哦，"我回答说，"从一本书上看到的。这本书可以帮助你放轻松一点，有一点幽默感。"他坐在那里看着那张卡片，而其他的驾驶员则猛向他按喇叭。

镇静、安详、温文，不要让任何事物激怒你，不要让任何事物扰乱你，来什么就安然接受什么，以镇静的态度处之——要过成功的生活，这些都极为重要。只有能以这种态度行动的人，才能够具有理性的思考能力，并且可以战胜紧张和压抑。然后不论有什么事情扔在他头上，他内心的镇定和平静就都可以把事情理出个头绪，而且把事情做好。

林肯总统有一个良好的习惯，他总在自己书的一角保存着最近发表的幽默故事。而每当疲劳、厌倦或者沮丧的时候，他就拿起这些幽默故事，读上一两篇，他的疲惫和困倦就能得到很大的缓减，这也会给他带来更愉快的心情。

对林肯来说，幽默是他的保健品——而实际上，幽默也是其他无数人的保健品。林肯经常说："如果没有幽默这种心灵的抚慰剂，如果没有开怀大笑这种生活的调味品，我宁愿死去。"

乐观的人总是能看到事物光明的一面，随时准备扭转败局走向成功，所以，他们总是处处受到欢迎。他们不仅自己快乐，还能给别人带来快乐。

对一个人来说，天性的开朗愉快是一种无价的福祉。当灵魂把窗户敞开，让阳光进来，使周围所有人都能够看到它幸福快乐的样子时，这样的灵魂不仅会感到幸福，它还具有做出善举的强烈愿望。它会为他人祝福，"带来欢乐的人是有福的。"

附录　成功训练

你可以主宰自己

为了使你更清晰地了解自己，我们特别为你准备了下面这一系列的问答题，请大声说出你的答案，这样，你才能听见自己的声音，这可以使你更加信任自己。

1. 你是否经常抱怨"心情不好"，如果是的话，是什么原因呢？

2. 你是否会特别吹毛求疵，小题大做呢？

3. 你是否经常在工作中犯错呢？如果是的话，为什么？

4. 你说话是否很尖刻无礼？

5. 你是否故意避免和任何人结交，如果是的话，为什么？

6. 你是否经常为消化不良所困呢？如果是的话，是什么原因？

7. 你是否觉得生活忙碌无为，前途无"亮"？

8. 你喜欢你自己的职业吗？如果不喜欢，为什么？

9. 你是否经常自怨自怜，如果

是的话，为什么？

10. 你是否嫉妒那些超越你的人？

11. 你大部分时间都在想什么：想到失败，或是成功？

12. 你年纪越大，你的信心是逐渐增加，还是逐渐丧失？

13. 你是否能从所有错误中获得宝贵的教训？

14. 你是否允许某些亲戚或朋友为你担心？如果是的话，为什么？

15. 你是否有时候兴奋万分，有时候却又沮丧到底？

16. 谁对你具有最具启发性的影响力？是什么原因？

17. 你是否容忍你能够加以避免的消极或沮丧的影响力？

18. 你是否对你个人的外表毫不在乎？如果是的话，那是什么时候的事，为什么？

19. 你是否学会了如何"排除我的烦恼"：使自己忙碌得没有时间去烦恼？

20. 如果你让其他人替你思考，你是否会称你自己是一个"无用的懦夫"?

21. 有多少原来可以避免的烦恼困扰着你,为什么你会容忍他们?

22. 你是否借助酒、药物或香烟来"镇静你的紧张情绪"?如果是的话,你为什么不改用意志力来平静你的紧张情绪呢?

23. 是否有人经常对你责骂和抱怨,如果有的话,是什么原因呢?

24. 你是否拥有一项明确的目标,如果有的话,是什么目标,你打算如何来实现它?

25. 你是否受到恐惧的困扰?

26. 你是否有任何方法能够保护你自己,不被其他的消极影响力所破坏?

27. 你是否懂得利用自我暗示来使你的意识变得积极?

28. 你最珍视的是什么:你的世俗财产,或是你控制自己思想的特权?

29. 你是否违背自己的判断,而很容易受到别人的影响?

30. 你是否为你的知识或意识状态的宝库增添了任何有价值的事物?

31. 你是否勇敢地面对令你不愉快的环境,或是逃避这种责任?

32. 你是否分析你所犯的所有错误与失败,从中获得教训,或是你认为这样不是你的责任?

33. 你能够举出你最严重的 3 项

弱点吗?你想采取什么措施去克服这些弱点?

34. 你是否允许其他人带着他们的烦恼来求取你的同情?

35. 你是否从你的经历中挑选出对你的个人成就有帮助的教训或影响力?

36. 你的存在是否会对其他人产生消极的影响?

37. 别人的什么习惯最令你感到苦恼?

38. 你是否允许自己受到其他人的影响?

39. 你是否已学会创造出一种精神的意识状态,使你能够保护自己,不受到所有沮丧性影响力的破坏?

40. 你的职业是否能令你产生信心与希望?

41. 你是否觉得自己拥有足够的精神力量,能够使你的意识不受到所有恐惧的威胁?

42. 你的宗教信仰是否能帮助你维持你的积极意识?

43. 你是否觉得你有责任分担别人的忧愁?如果是的话,为什么?

44. 如果你相信"物以类聚"这句话,你是否分析一下你所结交的朋友,而对自己增加更深的认识?

45. 你是否看得出来,你和你最亲近的人之间,存在着什么样的关系,你是否有过任何不愉快的经历?

46. 你有可能发生这种情况吗？你认为你最好的某个朋友，实际上是你最可怕的敌人，因为他对你的意识产生了消极的影响力？

47. 你根据什么来判断谁对你最有帮助，以及谁对你最有破坏性？

48. 你所亲近的人，在精神状态上是优于你还是不及你？

49. 在一天 24 小时当中，你各使用多少时间来：

（1）从事你的工作

（2）睡觉

（3）游戏与娱乐

（4）获取有用的知识

（5）浪费光阴

50. 在你所认识的人当中，什么人：

（1）最鼓励你

（2）最提醒你

（3）最打击你

51. 你最烦恼的是什么？你为什么愿意忍受这样的烦恼？

52. 当别人主动向你提供免费的建议时，你是否不假思索地接受，或是分析他们的动机？

53. 你最期望获得的是什么东西？你是否打算获得它？你每天花多少时间为实现这个愿望而努力？

54. 你是否经常改变主意？如果是的话，为什么？

55. 你做任何事，是否总是有始有终？

56. 你是否容易对别人的事业或职业头衔、大学学位或财富留下深刻的印象？

57. 你是否容易受到他人对你的想法或说法的影响？

58. 你是否因为别人的社会或财富地位而迎合他们？

59. 你认为谁是世界上最伟大的人？这个人在哪一方面给你的影响最大？

60. 你花了多少时间来研究及回答这些问题？（分析及回答上面全部的问题，至少需要一天的时间）

如果你已经真诚地回答了上述全部的问题，你将会知道，你已经比绝大多数的人更为了解你自己。仔细地研究这些问题，每周检视一次，连续进行几个月，然后，你将会很惊讶地发现，只要很诚实地回答这些问题，就能使你获得有关你自己的很多宝贵的知识。如果你对这些问题的某些答案无法确定，你可以找你熟悉的人帮助你，尤其是那些没有理由奉承你的人，你可以通过他们的眼睛看清你自己。然后，你会发现结果将令你感到惊讶。